U0227204

中国沿海城市亲海人居环境研究

张　云　张建丽　李雪铭　等　著

科学出版社

北京

内 容 简 介

本书按照从人居环境理论研究到实证分析思路编排章节,共分为三部分:第一部分为亲海人居环境理论,从海洋与人居环境的关系角度,分析探讨亲海需求、亲海活动、亲海空间、亲海居住空间等相关亲海理论,提出亲海人居环境的概念,并深入分析城市亲海人居环境与滨海城市人居环境的区别,归纳总结亲海人居环境类型与定位、构成要素及系统的特点,构建亲海人居环境评价指标体系;第二部分为实证分析,以中国沿海城市为例,从亲海自然景观环境、社会经济环境、居住设施环境、空间安全环境四个方面,综合分析中国沿海城市亲海人居环境的现状;第三部分通过研究亲海人居环境及各要素的演变特征,分析亲海人居环境的时空演变驱动机制,并从可持续发展的角度提出建议。

本书内容涉及海洋学、地理学、生态学、社会学、经济学、城市规划等诸多学科领域,可为与上述领域相关的读者提供参考。

图书在版编目(CIP)数据

中国沿海城市亲海人居环境研究/张云等著. —北京:科学出版社,2017.3

ISBN 978-7-03-051903-0

Ⅰ. ①中⋯ Ⅱ. ①张⋯ Ⅲ. ①沿海−城市环境−居住环境−研究−中国

Ⅳ. ①X21

中国版本图书馆 CIP 数据核字(2017)第 038295 号

责任编辑:张 震 孟莹莹 / 责任校对:赵桂芬
责任印制:张 倩 / 封面设计:无极书装

科 学 出 版 社 出版

北京东黄城根北街 16 号
邮政编码:100717
http://www.sciencep.com

北京通州皇家印刷厂 印刷
科学出版社发行 各地新华书店经销

*

2017 年 3 月第 一 版 开本:720×1000 1/16
2017 年 3 月第一次印刷 印张:10 1/4 插页:2
字数:200 000

定价:70.00 元

(如有印装质量问题,我社负责调换)

写作委员会

主　笔：张　云　张建丽　李雪铭

副主笔：赵建华　宋德瑞　曹　可

前　言

　　21 世纪是海洋与人类社会共同发展的新时代，海洋是人类居住与生存发展的重要蓝色空间。中国沿海地区集中了全国 70%以上的大城市，占全国城市总人口的 60.5%，自 20 世纪 80 年代以来，沿海城市因其优越的自然资源与经济发展环境，城市化水平不断提高。随着陆地资源的枯竭及陆地空间的拥挤，人类居住空间逐渐向沿海转移，加剧了沿海城市人口增长和城市化进程，进而对海洋开发的需求日益加大，沿海城市资源退化、环境污染加重和全球气候变化等问题逐渐突显，威胁沿海城市人居环境的可持续发展。因此，深入剖析海洋开发与沿海城市亲海人居环境发展的关系，立足于人类居住环境的协调发展，是海洋时代重点关注的议题。

　　"亲海"是从心理学的角度分析人类为了从海洋中获取物质和精神方面的需求，而通过亲近海洋、接近海洋、接触海洋、开发海洋等形式产生的行为活动。这种人类对海洋的需求被归纳为亲海需求，由亲海需求产生的活动定义为亲海活动。人类通过亲海活动，体现人与海洋相互间的一种物质、能量、信息的交换关系，影响着人类生存的环境空间，同时也反作用于海洋生态环境。因此，通过"亲海"研究分析人类对海洋的需求，以及海洋对人类的反作用影响，来规范人类在海岸带开发中的行为方式，是探索人类居住与海岸带开发协调发展的有效途径。

　　本书以"亲海"为研究切入点，综合城市人居环境学的指导理论、方法，研究中国沿海城市亲海人居环境，并提出亲海人居环境的概念。通过亲海活动的特点以及对人居环境的影响分析，界定亲海空间和亲海居住空间的范围，在此基础上，综合考虑海岸带开发对城市人居环境组成要素的影响及其相互间的关系，从自然景观、社会经济、居住设施和空间安全四个方面，选取突显"海洋"特点的 36 个评价指标，构建亲海人居环境评价指标体系，并采用多层次模糊综合评判方法构建评价模型，对中国沿海除杭州市、绍兴市、舟山市和三沙市外的 50 个城市进行实证研究，以及运用空间分布差异分析方法，研究中国沿海城市亲海人居环境的时空演变特征，提出海岸带开发与人居环境协调发展建议。

本人师从人居环境研究大师李雪铭，本书部分内容源自本人博士毕业论文。由于本书研究内容广泛，且需要较深的理念基础，受本人知识结构、层次和水平的制约，本书难免存在疏漏与错误之处，诚恳希望得到广大读者的批评和赐教。

张 云

2016 年 11 月于大连

国家海洋环境监测中心

目　　录

第1章 绪 论

海洋是一切生命孕育的源泉，对海洋的向往与追求源于人类生命的本能，人类亲近海洋、感受海洋、探索海洋、开发利用海洋等，可将其归纳为人类的衣食住行都离不开海洋各方面的供给。随着海洋发展战略思想的不断深入，以及世界人口的快速增长造成的陆地生存资源的日益紧缺，海洋承载了人类未来生存与发展的希望。2001 年 5 月，联合国缔约国文件指出："21 世纪是海洋世纪（Ocean Century）。"21 世纪是开发海洋、利用海洋的新时代，海洋与人类社会的共同发展是当前必须解决的重大问题。

沿海城市是人口密集、产业发达、经济活跃的地区，势必成为世界经济的前沿阵地和重要场所。中国沿海地区集中了全国 70%以上的大城市，占全国城市总人口的 60.5%，20 世纪末，中国在沿海地区先后形成了珠江三角洲、长江三角洲、环渤海三大经济区和上海、天津、广州等"城市都会圈"，这些区域已成为中国经济发展的龙头。然而中国沿海地区的地质环境较为脆弱，地面沉降、海平面上升、海水入侵、淡水资源紧缺、海岸侵蚀、海水环境污染等问题严重制约着沿海城市的可持续发展；同时，沿海城市人口迅猛增长和城市化进程加速给区域发展带来巨大压力。因此，深入剖析海洋环境的变化对沿海城市人居环境的影响特征，立足于人类居住环境的稳定发展，是海洋时代重点关注的议题之一。

1.1 研 究 背 景

1.1.1 人类聚居环境的演变历程

关于人类聚居问题的研究，希腊建筑规划学家道萨迪亚斯（Constantinos Apostolos Doxiadis）指出"人类聚居是人类为自身所作出的地域安排，是人类活动的结果，其主要目的是满足人类生存的需求"（Doxiadis，1963）。

水源是人类聚居的重要择居因素之一，也是城市起源和发展的命脉，它与人类聚居活动有着密不可分的关系。中国历史文化名城苏州、杭州、云南丽江古城、绍兴等均以水著称于世，水与城市相融合，形成了别具特色的水文化城市。

世界上的多数城市，都是因水而兴起，也因水而繁荣与发展。绝大多数城市的发展历史，都是先有河而后有城，"城因河而生、河因城而名"，许多城市的发展史都是沉淀在河流、湖泊和海洋上的。中国春秋时期齐国政治家管仲在著作《管子·水地》中指出："水者何也，万物之本原也，诸生之宗室也。"在《管子》中记载："故圣人之处国者，必于不倾之地，而择地形之肥饶者，乡山左右，经水若泽，内为落渠之写，因大川而注焉。"从古至今，城市的兴起与发展都离不开水这一关键因素，居住环境与水源之间关系的讨论一直是人们社会研究的热点。

河流是人类社会发展的重要物质条件，在早期的游牧社会与农业社会中，河流提供的水源及其周边的生态环境，整体上可以满足当时人类的居住和生活，形成了"逐水而居"的人居环境。一直以来，接近水源是人类选取居住地的重要条件之一。水是生命之本源，水源为人类生存的最基本条件，也为人类社会发展提供水上交通之便，同时为生产发展提供必要的动力条件。在早期的农业社会，河流水系不但为人类居住提供了基本的自然条件，同时影响着社会经济发展环境。

在工业化时代，城市水系决定着城市的发展方向与形态格局，也蕴涵着城市丰富的文化内涵。随着工业革命的快速进展，社会经济发展使得人们需求不断扩大，河流逐步被工厂和仓库等工业所占领，城市水系成为工业污水、废水的排放通道，"逐河而居"的人居环境已无法满足人们生存与生活的需求，进而部分城市人居环境中心总体上呈现由河流走向海洋的趋势。

地球的表面积约为 $5.1 \times 10^8 \, \text{km}^2$，其中海洋面积约为 $3.6 \times 10^8 \, \text{km}^2$，约占地球总表面积的 71%。海洋是一座巨大的资源宝库，随着陆地资源的枯竭及陆地空间的拥挤，人类居住空间向海洋转移是适应生存与发展的必然趋势。海洋孕育了人类生存与发展的梦想，是人类生存与发展的"后花园"。1992 年，《21 世纪议程》的提出，确定了海洋在未来可持续发展中的重要战略地位。当今世界经济及信息革命的发展，"世界一体化"局势的加剧，海洋开发与利用科技实力的不断增强，将从根本上改变人类的生存方式及生活质量，沿海经济战略规划区、滨海新城、滨海产业园、海上城市等逐渐形成，蓝色国土正在创造人类生存发展的美好宜居空间。

1.1.2 滨海区的发展

滨海区是指陆域与海洋相连的一定区域，一般由陆地、海岸线和海洋三部分组成。滨海区是海陆统筹作用力最大的区域，也是人类活动集中、经济最繁荣、社会最发达的地带，且由于宜居生态、高生产率和旅游等综合作用，其价值在上升。在人类回归自然的精神需求增高的驱使下，滨海区受到人们的青睐，如今的滨海旅游、滨海商厦、观景公寓住宅等群起云涌。

在漫长的历史长河中，人类向沿海方向的迁移始终没有中断过，而且对沿岸环境的改造和海洋资源的开发利用进程也没有停歇过。昔日的小渔村成为当今世界经济发展中心城市，例如，美国早期，北欧殖民者多选择在避风、安全的港湾内或其附近居住，随着社会经济活动的发展需要，在 18 世纪中期这些港口居住地逐渐发展成为功能完善的繁荣城镇，至今滨海区成为许多城市社会和文化生活的核心区，如费城、波士顿、纽约、查尔斯镇等。

中国古代文明发祥于黄河中、下游地区及沿海地带，最初出现人类定居聚落，以农业、捕鱼为生，诞生了城市的雏形。工业化时代，由于航海运输在对外贸易中有不可替代的重要作用，沿海城市滨海区的开发以港口、工业、运输和仓储等为主，使其成为沿海城市的生产与发展中心，带动整个城市进入工业时代（孙寰，2000）。十一届三中全会以后，改革开放的步伐使得沿海城市面貌日新月异，包括建国际大港、建经济特区、吸引外资等，以及 1979 年深圳、珠海、厦门、汕头经济特区的试办，在经济特区实行"特殊政策、灵活措施"此政策加速和推进了中国沿海小渔村的发展，随着政策的不断推行，它们逐步发展成为功能完善的城市。

当今时代是蓝色海洋世纪。全球有 50% 以上的人口居住在距离海岸线 100km 的范围内，2/3 的大城市分布在海岸带地区，东京、上海、马尼拉、雅加达和大阪五个世界级大城市都分布在东亚海周边海岸（蔡程瑛，2010）。一个个沿海城市的发展，形成了一个个以庞大的政治、经济、文化为中心的城市圈，诸多城市圈连接起来，形成了规模庞大的沿海城市带，例如，美国东北部大西洋沿岸城市带、美国西南部太平洋东岸城市带、欧洲西北部沿海城市带、日本太平洋沿岸城市带、中国珠三角城市带等。

海洋是人类未来重要的居住场所。随着科学技术的不断进步，人类开发与利用海洋空间的技术越来越发达，在海上建立人工岛、休闲娱乐设施、海洋城市等都不再是梦想，将会离人们越来越近。

1.1.3 新型城镇化对人居环境发展的新思路

在 2012 年中央经济工作会议上，新型城镇化被赋予了重要地位，其被定为国家重要发展战略。国务院总理李克强强调，要推进"以人为核心"的新型城镇化。从根本上来看，不但要提高城镇化的水平，重要的是要提升质量，创新城镇化的途径，实现集约、智能、低碳、节能、生态城镇化，提高城市综合承载能力，建设生态宜居城镇集群。

《国家新型城镇化规划（2014～2020 年）》提出新型城镇化必须注重规划、产业、资源配置、基础设施、公共服务和生态文明"六个一体化"。新型城镇化建设的推进，提出了解决公共服务均等化问题，城市的"绿色"可持续发展要求，并对城市建设规划和管理也提出了更高的要求，强调以人为核心，体现碧海蓝天、水质、交通畅通等生态文明建设。新型城镇化在实施和改革的进程中，务必注重农村市民化过程中的土地流转、户口改变、税务以及投资资金、产业改变、住房问题、市民的就业、子女教育、养老等问题，以及社会福利保障及公共服务等问题。

遵循十八大报告精神，在政治、社会、经济、文化发展建设中，重点突显生态文明建设。同时，在"建设海洋强国"背景下，海洋成为国家和地区发展的重要关注区域，随着人口和经济向沿海城市迁移，沿海城市成为人口高密度、经济高发展地区，沿海城市人居环境可持续发展，将面临一个重要的"挑战"。

海洋在未来人类的居住环境和生存发展中占据着重要的地位。海洋为缓解人类居住问题提供空间保障，同时也为人类社会的发展提供重要的资源和能源保障。海洋是一个巨大的资源宝库，它给人类提供各种物质、能量和精神，以及对全球气候和居住环境变化进行调节，并通过各类海洋活动支持人类社会经济发展、生存空间扩张、生活物质与精神需求等。沿海城市土地开发利用直接推动了城市环境与海洋环境的有机融合，城市空间不断向海洋扩展，海岸带的发展不仅满足了人类日益增长的海洋休闲娱乐的需求，还扩展了生存居住和产业发展的地理空间。当前，沿海城市生存与发展空间的扩张主要通过围填海来完成，如中国天津滨海新城和曹妃甸生态城完全是填海产生的。

生态宜居是新型城镇化建设的基本要求，随着海洋开发利用的深入，海陆关系越来越密切，海陆资源互补、产业互动、经济互联进一步增强，促进海陆共同发展，海洋已成为城镇化建设的蓝色储备生存空间。沿海地带是自然环境较敏感和脆弱的区域，存在着资源开发不足、环境污染、生态系统受损等问题。建设生态宜居的新型城镇化，必须坚持生态优先，实行海陆环境同治，增强城镇化过程中的人居环境可持续发展能力，依靠海洋生态环境承载能力，优化城市生态空间结构，统筹人口分布、产业布局、海陆空间利用和城镇格局，逐步实现海洋生态环境的良性循环，并坚持经济社会与生态文明环境协调发展，打造有益于生态宜居建设的现代海洋产业，走出一条全新、协调、生态、可持续的沿海城市新型城镇化建设之路。

1.1.4　海洋灾害威胁人居环境安全

随着中国沿海人口的不断集聚，敏感和脆弱的生态环境遭到了破坏，基础设施更新不足，此类问题越来越突出，人们的居住问题和居住环境安全问题越来越被重视。人居环境安全是指现代化进程以安全为准则的人居环境发展和建设思路，人居环境安全与城市化发展的良性互动是实现城市可持续发展的必然要求，也是新型城镇化建设的基础（张云，2009；杨俊等，2012）。

人居环境生态安全是人类生存和发展的重要基础支撑，其稳定性和安全性关系到人类社会的持续发展。人居环境本身是一个集自然、社会经济为一体的复杂的生态系统，故其安全问题也较为复杂。人居环境的安全不仅包括经济发展水平、人们居住的自然环境与资源，同时包括居民的人口状态、周边的公共服务设施和基础设施以及城市居住文明等诸多方面。

海洋是人类生存发展的蓝色空间，海洋的自然属性与人类的生存息息相关，它是地球气候的调节器，担负着改善环境的重任。由于海陆热力性质差异，以及海洋特殊的下垫面，影响着全球的气候分布。具体来说，海洋较高的比热容，能吸收到达下垫面太阳辐射的 4/5（杨国桢，2004），同时可释放氧气，它也是陆地降雨量的主要来源，调节全球的气候。

经过漫长的时代变迁，经济和科技不断发展，人类对海洋的认识和探索进一步深入，人类改造自然的能力也逐渐增强，对海洋的开发和利用也达到了历史上从未有过的程度。城市化和工业化对海洋空间资源、生物资源、海水资源、海洋能源、矿产资源等高强度索取，据国家海洋局相关数据统计，近年来，中国距海岸线 1km 范围内海域面积被开发占用比例已经超过 80%。人类过度重视海洋资源的经济价值和海洋空间的地位，却忽略了其对环境价值、生态价值、居住环境、社会需求和公众感知危害的重要性。

海洋灾害对人居环境安全造成巨大的影响。在中国，风暴潮、赤潮和巨大海浪灾害发生的次数较多，且危害和经济损失较高。随着海洋经济的快速发展，人类对海岸带的开发活动迅猛增长，以及全球气候变暖，都会导致海洋灾害的加剧，引发海平面上升、海水入侵、海洋环境污染、渔业资源衰退、滨海湿地锐减等灾害，严重威胁人类居住环境的安全。

海洋的开发与利用带来了巨大经济效益和生存空间，但是大规模填海造地和沿海工业的无序扩建，特别是沿海石化产业的建设，给城市生存环境带来负面影响，例如，海水环境质量污染加剧，海水倒灌日趋严重，海湾、沙滩、湿地和重点海岸地质景观资源破坏或减少，重大污染海洋产业对人类生存环境的威胁等，这些都将造成城市人居环境质量的下降，影响生态宜居型城市的建设与发展。海洋是 21 世纪人类生存和社会经济发展的主要拓展空间，海陆交接的海岸线承担着经济增加、社会发展、城市化进程的重要作用，其自然属性的改变，也将影响未来滨海城市居住环境的可持续发展。

1.2 研究目的与意义

1.2.1 研究目的

本书以海岸带开发活动为出发点，探讨中国沿海城市人居环境，通过分析海洋与人类居住环境之间的关系，提出亲海人居环境相关概念；归纳总结亲海人居环境系统的构成要素和特点，构建具有"海洋"特色的亲海人居环境评价指标体系；并运用地理信息系统（geographic information system，GIS）等空间分析技术，分析中国沿海城市亲海人居环境的时空演变规律，探索其独特的空间形态、发展现状和内在动因；为中国沿海城市亲海人居环境未来的规划和可持续发展提供合理的优化建议。

1.2.2 研究意义

1. 理论意义

中国沿海城市人居环境在改革开放以后获得繁荣发展，人们对于居住环境的需求日益增高，但中国人居环境学科研究相对于国外还处于初期发展阶段，其主要理论体系、研究架构、研究方法等还未形成完整体系。随着人居环境学科的发展，这方面的研究逐年增加，而关于城市亲海人居环境相关研究的理论仍然非常少，也未形成体系。本书体现以人为本的理念，从人类的亲海需求出发，引发人类亲海行为的探讨，提出亲海人居环境及相关概念，参考海域综合管理、亲水区规划设计等相关资料，界定亲海空间的范围，探索城市亲海人居环境研究思路与方法，分析沿海城市亲海人居环境的时空演变规律，丰富中国人居环境学科研究的理论内容与体系结构。

2. 实践意义

在海岸带开发需求日益提高的前提下，合理开发资源、规范海洋开发活动、维护海岸带开发与居住环境协调发展的关系是刻不容缓的任务。本书从人类亲海活动对人居环境影响的角度出发，定性、定量分析亲海活动对人居环境的影响，以及人居环境时空演变的规律，探讨海岸带开发与人居环境协调发展关系，同时为中国沿海城市人居环境可持续发展提供一定的实证建议。

1.3　研究综述

1.3.1　滨水区的研究

1. 国外研究综述

世界文明古国皆发源于滨水地带，国际大都市大多位于滨水地带，中国经济发达的地区也多为滨水地带（滨海、沿江或临河）。

国外滨水区的研究呈现多元化的发展方向，包括各种研究中心的出现，以及相关专著的发表，研究内容多集中滨水区污染、再开发等方面。

1981 年，美国"滨水地区研究中心"（Waterfront Center）成立，开办了《滨水区世界》（*Waterfront World*）杂志，其上发表了许多关于滨水区成功开发的实例；1988 年，霍依尔主编《滨水空间更新》，探讨了滨水空间开发的影响因子，并分析了存在的问题，以多伦多、鹿特丹、斯旺西、曼彻斯特、巴尔的摩、中国香港等地区为例子进行实证研究；1989 年，威尼斯成立了"国际滨水城市研究中心"（International Center Cities On Water），并于 1993 年出版《城市滨水空间水上城市开发的全新领域》，被称为"滨水空间规划师言论荟萃"。并且，各国均出现了关于滨水区的专著，例如，1987 年、1989 年和 1998 年，英国的 *Architectural Review* 陆续发表了三本关于滨水空间的专著，美国 Landscape Architecture 于 1991 年出版名为《新城市滨水区》（New Urban Waterfront）的专著（徐永健，2000）。

Krausse（1995）从 NewPort 和 Rhode Island 旅游业入手，分析了滨水区复兴过程中滨海城市居民居住观念的变化，他认为社区需求和旅游业的发展是滨水区重新建设过程中必须考虑的因素，要平衡两者之间的关系，并且认为公众参与规划是滨水区重建成功的重要因子；Kilian 和 Dodson（1996）研究 Victoria 和 Alfrid 的滨水区，认为要避免滨水区居住区域工业区衰退，必须对城市滨水区进行重新规划和开发，并提出了一些解决功能冲突的决策和建议；Michelsen 等（1998）对西雅图滨水区污染沉积物清理进行研究，提出人类建设性活动是影响滨水区环境的主要因素；Michelsen（1998）提出在滨水区复兴规划中，必须考虑重建居住区、清运垃圾以及港口的航运等因素，他还提出了流线型的运行模式；Pinder 和 Smith（1999）详细地比较研究了军港型和商业型滨水区的区别，认为军港所潜在的资源给滨水区发展带来新的发展机遇，增加了经济和市场方面新的问题；Gordon（1999）

研究波士顿海军造船厂的复兴，他认为滨水区复兴和再开发的成功，必须要充分运用传统基础，并与现代技术混合应用；Hoyle（1999）以加拿大港口城市为例，采用电话调查的形式，深入地分析了滨水区演化过程中社会团体的角色变化，他认为影响港口城市演化的团体，包括权威人士、城市设计规划专家、地产开发商以及各种社会团体等；后来 Hoyle 与 Wright（1999）合作，以 Chatham、Plymouth、Portsmouth、UK 四个军事港口为例，探讨了滨水区战略评估的思路与方法，并且构建了重新建设军港的评估框架体系；另外，Hoyle（2001）以 Lama 和 Kenga 滨水区为例，深入地分析了滨水区再开发过程中可能遇到的问题以及拥有的潜在能力，提出滨水区重新建设是一个空间领域问题，必须考虑从地理的角度进行重新设计，以便达到高效回报；Vallega（2001）分析了影响滨水区演化的外部因素以及再开发建设中的历史动机，研究了滨水区的演化历程及发展趋势以及滨水区管理和组织的协调一致性；Samant（2004）则以印度 Ujjain 滨水区为例，着重研究了公共领域活动体系和环境条件等，认为增强滨水区的功能，必须要靠规划来实现；Sairinen 和 Kumpulainen（2006）研究了城市滨水区更新过程中的社会影响，他主要从资源、身份、社会地位、可接近水的活动和体验四个方面，研究了滨海、滨湖和滨河体验方式的不同；Choudhury 和 Ahmad（2007）从地震力学的角度研究了滨水区挡土墙的稳定性研究，并提出拟动力方法来设计滨水区的挡土墙；韩国的 Chul 和 Ho（2014）对韩国城市居住区重建和滨水区振兴进行研究，认为滨水区的重建，必须从可持续发展的角度出发，尊重滨水区对城市价值的重要作用，并针对当前的滨水区建设提出了改进策略；Allen 和 Barnett（2015）研究了一个小城市滨水区重建后市中心滨水区商业区 93 个零售项目的成败经验，并讨论了现有零售机构的营销策略和政策。

2. 国内研究综述

滨水区是现代城市建设的重要内容，中国滨水区的研究多集中于滨水区的设计规划方面，包含国外滨水区规划实践案例的分析、滨水区景观规划、滨水区旅游功能及空间形态等方面。

在国外规划案例借鉴方面，金广君（1994）从城市滨水区的基本概念、规划控制元素和规划设计类型三个方面，简要介绍了日本城市滨水区规划设计的概况，可供相关工作参考；刘健（1999）系统介绍了加拿大格威尔岛的更新改造实践；徐永健和阎小培（2000）以北美的巴尔的摩和维多利亚两个内港城市为例，分析了其再开发和重新建设的经验，认为在开发的规模、管理的模式、规划设计方面可在中国滨水区建设时进行借鉴和引用；王建国和吕志鹏（2001）通过世界城市滨水区开发建设的案例研究，分析了其发展的背景知识以及内部的驱动因子，总结世界滨水区建设的历史经验教训，并从五个方面提出建议，认为在中国滨水区的建设中可以借鉴；张庭伟（2002）编著的《城市滨水区设计与开发》，以北美洲的20多个城市滨水区为例子，研究了这些城市滨水区的历史背景、滨水区的功能和类型，并总结其成功经验；刘雪梅和保继刚（2005）借鉴国外学者对城市滨水区的开发，从多角度观察和研究，获得对中国滨水区的发展启示；刘滨谊（2006）在《城市滨水区景观规划设计》中将理论和实践结合，详细研究了国外和国内10多个城市滨水区景观规划的案例，深入地分析了景观设计的内在动力和因子，以及相关的设计理论和设计方案。

在滨水区景观设计研究方面，刘云（1999）根据苏州河的历史与现状对其东段进行了分析与评价，认为环境复兴与设计必须坚持遵从自然的指导思想，设计的最终目的和目标是找出可行的设计操作流程和操作方法，他主要从对滨水游步道与水域开放空间方面发表了重要的规划设计意见和建议；孙鹏和王志芳（2000）以城市河流的滨水区为对象，探析城市化对水滨自然过程的影响，并提出遵从自然过程的系统化设计途径；王江萍（2004）从生态的角度研究城市滨水区景观规划，并明确了城市滨水区的概念，认为城市滨水区是指城市范围内水域与陆地相接的一定范围内的区域，它既是陆地的边缘也是水的边缘；俞孔坚等（2004）以慈溪市三灶江为例，通过深入分析岸边的景观设计，提出了多目标景观设计的方法和观念；孙杰（2007）提出城市滨水地带的概念，认为城市滨水地带是城市中一个特定的空间地段，指的是与河流、湖泊、海洋毗邻的土地、建筑或城镇临水体的部分；路毅（2007）在《城市滨水区景观规划设计理论及应用研究》中指出滨水区实际范围的界定具有模糊性，认为无论一条滨水绿化带还是整个城市的规划设计，都必须以市民容易亲近水域环境为目标来界定滨水区的范围；朱润钰和甄峰（2008）以南京市莫愁湖滨水区为例进行城市滨水景观评价研究；刘滨谊（2013）以山东省潍坊市自浪河北辰绿洲段景观规划设计与建设的实践为例，探讨以自然与生态为导向的城市滨水区风景园林建设的具体做法，以及其风景园林营造低成本的途径。

在滨水区功能定位研究方面，翁奕城（2000）在滨水区的规划中引入城市设计观念与方法，以可持续发展的观点从生态、经济、社会、技术四方面探讨城市滨水区的可持续性城市设计；许珂（2002）认为在城市滨水区开发建设中，必须增加旅游功能，以建设城市旅游目的地为目标，提出相关策略和建议；胡绍学等

（2004）针对中国近代历史滨水区旅游开发的趋势，通过对烟台近代历史滨海区现状的分析，得出历史滨海景区在城市旅游开发中的定位，结合历史滨海景区的设计实践，从功能开发的角度研究了城市更新设计的总体构思；陈太政（2004）以河南省开封市为案例，探讨了滨水区旅游游憩功能的研究背景和基本原则，并提出了开封市旅游功能开发的总体思路、旅游产品的规划设计以及旅游环境氛围的营造等方面的建议；孙施文和王喆（2004）认为滨水区的开发必须要考虑资源的具体情况，制定科学合理的配置方案，并建立合理的开发秩序，营造环境氛围，增大滨水区的巨大吸引力，增强城市形成自己的特色，有利于城市在市场上吸纳资源，推销产品和服务，还可以有效地提升城市管理能力；李国敏和王晓鸣（1999）分析了汉口沿江滨水区的地段特征，结合国内外城市滨水区建设经验提出了沿江滨水区开发利用的目标效益和模式的定位，同时也对滨水区开发建设的现有法规体系进行了剖析；运迎霞和李晓峰（2006）从城市功能结构调整的角度着手，进行了城市滨水区开发功能定位研究。

在滨水区空间形态及生态恢复研究方面，李麟学（1999）通过对城市滨水区整合的构成要素的剖析，为滨水区更新提供了一个设计和操作的纲要；邰学东等（2010）以综合的区域化视野角度，探讨了京杭大运河沿线的空间形态塑造；杨馥等（2005）分析了国内外城市滨水区生态恢复的研究现状，并深入地分析和总结了相关的理论知识和研究内容。

1.3.2 亲水的研究

1. 国外研究概述

亚洲亲水的实证研究首先从日本发起，大规模的亲水主体公园、滨水景观较早建立。1993年日本就有了63个见诸文字的城市滨水区开发。日本河川治理中心（2005）编写的《滨水地区亲水设施规划设计》，详细地对亲水活动进行了归纳、总结和具体分类，并且从设计理念、设计角度与构想等方面对亲水设施的规划提供了独特的结论和建议。该书中认为居民在亲水设施的维护与利用中存在很大的作用，应该调动周边民众的积极性，对亲水设施进行保护和后期的维护，实现设施的最大利用率；另外，要及时对滨水硬件设施进行维修，加强教育，防止滨水事故的发生。在国外关于滨海亲水设计的研究中，比较优秀的案例是西班牙Beniderm滨海步道和美国纽约特贝特瑞公园的改造，其标志着滨水居住区的兴起。Vallega（2001）研究将城市滨水区作为海岸带进行管理。1964年，大巴尔的摩委员会建立了一些海滨设施，将滨水区建成中产阶级的旅游居住区，而不是传统的制造工厂和职工宿舍。Campo（2002）通过布鲁克林海滨东河案例发现，当地居民利用废弃的港口和基础设施，创造了使他们娱乐的亲水生产环境和社会环境；他还研究了居民利用海滨的主要亲海活动，包括一些非正式或者充满乡土气息的亲水活动，如钓鱼、观鸟、艺术展览、演出、拍摄电影、音乐会和社区聚会等，并研究了为什么人们选择在海滨地区交流。

2. 国内研究概述

中国亲水的研究，多集中于滨水区亲水景观、亲水设施、亲水区和亲水行为研究等方面。

在亲水景观与亲水设施研究方面，李佩蓉和谢杰雄（1999）在湛江市"金海岸"观海长廊景观规划中，首次提出让亲水步行区成为城市的特色空间，在滨海区设计中提出"亲水"的概念；杜春兰和代劼（2002）认为亲水活动是指活动时把水在身边的感受作为目标之类的活动；俞孔坚等（2002）以广东省中山市岐江公园的湖岸设计为例，介绍了一种亲水生态护岸设计——栈桥式生态亲水湖岸；卓文雅等（2011）认为亲水景观堤岸设计要求防浪设施不仅要具有保护陆域不被侵袭的安全功能，而且要与周边自然景观、当地文化融为一体，充分体现堤岸的亲水性；帅民曦和邓勇杰（2003）结合南宁市邕江"堤-路-园"的环境景观设计实践，以南宁邕江亲水步行平台广场规划设计为例，探索"现代城市滨水空间"的规划设计模式，开启亲水设计的探索阶段；庄惠芳和刘怡君（2006）以"爱河"为研究主体，从居民的角度，就"爱河"的功能、居民的期望和"爱河"整治后对高雄市都会文化景观带来的影响三方面进行探讨分析。

此外，丛磊和徐峰（2007）通过对北京什刹海景区亲水活动的类型、内容和空间满意度的调查，初步掌握了亲水活动中游人的行为及心理感受，并进一步明确了亲水活动的概念和类型；他从心理学的角度入手，根据游客旅游时的心理认知和旅游心理行为将亲水活动分为五种，即亲近大自然的各种自然活动、锻炼运动、休闲漫步、文化娱乐、纪念庆典活动。杨扬（2008）以永昌湿地公园为例，从亲水活动的特殊性出发，重点研究亲水设施，探讨了亲水活动的特殊性，研究亲水设施的空间分布情况，以及戏水型、赏水型、认知型和游憩型四种亲水设施，并针对滨河、滨湖、滨水湿地三种环境亲水形式活动的不同进行了实证研究；吴峻（2009）从人的行为活动特征方向来研究滨水景观的亲水设施的设置类型；张耀和张叶（2010）从地域性概念的内涵与成因出发，研究地域特色诸要素与城市滨水地区亲水设施的关系，并根据亲水设施的特点将地域性细分，进而用"应答式"的设计观探析亲水设施的地域性设计要素及内涵；吴相凯（2010）研究了滨水之亲水景观的设计手法，主要包括亲水道路、亲水广场、亲水平台、亲水栈道、亲水踏步、亲水沙滩、亲水草坪、亲水驳岸等形式；李帅（2011）以城市滨水景观设计为例详述了亲水与空间的融合；张蕾等（2012）通过寒地城市户外亲水活动的特点和行为的不同方式，总结了亲水设施规划的方法，即观赏设施必须内容多样，体验设施则形态丰富，运动设施要灵活装置，散步的通道则要形式多样；陈倩倩和马军山（2012）以宁海徐霞客大道大溪两岸景观设计为例，阐述城市河道亲水景观设计的理念及其内容并提出亲水景观营造的方法；王艳丽和王梦林（2012）从滨水景观中亲水的概述出发，总结出滨水景观中亲水设施的规划与设计的策略方法，并对景观中的亲水设施的规划与设计做出理论性的指导；王阳（2012）从滨水环境的概念入手，阐述了滨水环境的特征，对城市的滨水环境的亲水行为进行分析，提出游憩的满意度是亲水景观设计的重要原则；林蔚（2013）从水的角度出发，研究了城市滨河湿地公园的亲水设施；谢永顺（2014）以亲水景观为研究对象，从社会、人文等理论方面切入，探讨人们的亲水性活动和亲水景观设计规划；史礼涓（2014）以武威市杨家坝河城区段防洪景观生态综合治理工程为例，分析了杨家坝河城区段的建设情况与现状特点，对杨家坝河城区段的亲水环境、亲水设施设计进行研究。

在亲水空间研究方面，镇列评（2000）从滨水区空间开发的角度出发，研究亲水空间对滨水区开发的影响和作用，并在亲水空间设计要素评价中，将人在亲水空间的行为分为步行、休憩、社交和观赏四种；帅民曦和邓勇杰（2003）以城市滨水环境为出发点，对其周边的城市水域、城市商业区、城市交通、城市居住区进行整合设计，确立合理的设计原则，制定因地制宜的设计策略；李琳（2005）在研究城市滨水地带亲水空间规划设计研究中，从空间位置、范围、功能三个角度提出亲水空间的概念，认为亲水空间是由人们在水边的活动和所处的滨水环境共同构成的，是人与环境的互动统一；许佩华和过伟敏（2005）明确了江南滨水城市的亲水空间的定义，认为江南滨水城市的亲水空间指江南水城中线性水体空间与城市实体之间的过渡空间；刘俊杰和龙明东（2007）研究了国内外城市滨水区建设概况，提出了亲水空间规划设计模式；邹伟良（2009）阐述了在滨河亲水空间贯穿城市设计的理念及其内容，并相应地提出了创造具有活力的滨河亲水空间的城市设计途径；曾令秋（2009）从环境认知和行为动机理论的角度出发，同时结合场所与生态理论，分析空间与人之间的关系，重点研究空间对人的影响，认为亲水空间的设计应该注重多功能混合，考虑生态环境的影响，追求可持续发展，而且必须体现悠久的历史文化等，亲水空间的设计要充分考虑城市与人的关系，要将城市、建筑和环境设施设计融为一体来规划设计亲水空间；江依娜（2010）通过对太湖流域古镇亲水空间人居环境设计的研究，分析探讨人居环境的各构成要素和本土文化的内涵特征及相互关系；樊平（2010）深入分析滨水区最重要的特性"亲水性"，认为设计亲水区的时候，不仅要考虑河流功能，同时要注重景观观赏功能；赵娜（2010）提出城市亲水空间带的概念并对其范围进行界定，在寻求城市亲水空间带形态设计的方法过程中，通过城市规划及设计、建筑设计、环境设计三条途径，提出并构建了一个较完整的设计方案；吴锦燕（2011）通过对南宁市五象新区环城水系景观设计的阐述，探讨如何通过营造形式多样而富有活力的滨河亲水空间，提高滨水区的居住环境质量。

在亲水性设计及其他研究方面，颜慧（2004）研究了城市滨水地段环境的亲水性；盛起（2009）研究城市滨河绿地的亲水性设计；吴泽春和刘晓明（2013）探讨了清水河两岸滨水景观亲水环境的营造；张莹等（2010）采用社区步行性环境调查问卷了解影响步行的环境因素，采用灰色关联分析了沿海都市步行适宜性城市人居环境因素；丁利楠和张明君（2013）以浑河为例分析，从人类的需求出发，研究了人在滨水空间的亲水行为；张文博（2012）分析了长沙洋湖湿地公园亲水设施；王仲伟（2012）的滨水空间的亲水设计可以有效地将水景与校园规划机理相融洽，其中，驳岸设计与滨水设施设计是关键，驳岸设计的生态性提升了水景的生态价值，提供了多层次的视觉空间，滨水设施的巧妙设计拉近了人与水的距离，丰富了滨水岸线空间；黄建华（2012）论述了城市公园亲水空间安全性，概括了城市公园亲水空间存在的安全问题，提出了提高安全系数的建议和策略。

1.3.3 滨海人居环境研究

人居环境最早见于 16 世纪西方学者关于"乌托邦"的著作中，而国外关于滨海人居环境的研究始于 20 世纪末期，多集中于滨海人口聚居及对海洋生态系统的影响。1999 年，Wells 和 Noller（1999）以秘鲁北海地区为例，研究了实际景观和人居环境之间的协同进化关系。Small 和 Nicholls（2002）研究了沿海地区人口的分布情况，并提出了一种快速估量沿海地区人口数量及分布的模型，指出当时沿海地区的人口相对集中于人口密集的乡村城镇和中小城市，而不是在大城市。Adger 等（2005）从生态学的角度，研究人居环境对沿海生态系统的直接破坏和损失，发现滨海居住是造成沿海生态系统巨大损失的原因之一，分析了建立社会生态防御的必要性。Lotze 等（2006）认为河口及近海海岸线的发展是人类居住和海域使用的直接反映，通过重塑欧洲、北美及澳大利亚的河口岸线及近海基线，从侧面反映了人居环境存在的问题。Mcgranahan 等（2007）通过对全球沿海低地人口聚居情况的调查，发现城市化是驱动人口向沿海聚居的主要原因，尤其是中国人口多聚居在沿海三角洲地区，并针对气候变化引起的海洋灾难给予一定的建议。

中国滨海人居环境的研究始于 1998 年。蔡保全（1998）分析了福建沿海贝丘遗址先民的居住环境与资源开发研究；刘塨（2002）从建筑学的角度阐述了滨海人居环境的概念，并定性分析了海岸带对人居环境的影响，包括气候影响、区位影响、结构影响，这些影响对城市模式、景观特征、建筑风貌等方面的研究有重要意义；王唯山（2006）将湾区作为城市人居环境发展新载体的内涵，认为必须以城市生态环境的修复与改善为前提，以多样化的城市功能为发展依托；王祝根（2007）以胶东市农村为例，从环境保护和设计的角度入手，全面深入地对农村人居环境进行了调查分析；邓宁华和陈华康（2007）对长乐市江田镇下沙村进行了调查分析，研究了沿海农村地区居住分化的状况、原因和影响；黄勇和赵万民（2008）从建筑学的角度分析了滨海城市哥本哈根居住建筑的衰落、改善的变迁研究；孔冬（2009）通过对沿海地区流动人口的现状进行调查，发现他们更加关注居住环境和居住质量；邓南荣等（2009）以中国东南沿海地区农村工业化典型地区晋江市为研究区，研究了晋江市农村居民点景观格局的变化；李建宏和李雪铭（2010）从海洋文化的角度出发研究大连城市人居环境的地域性特点，首先分析大连海洋文化的特征，并分别从人居环境主体和客体两个方面分析了这些特征对城市人居环境的影响；霍兵（2010）从规划学的角度提出天津滨海新区人居环境的规划思路；刘春艳等（2010）采用 SSTK-ω 湍流物理模型求解住宅小区内风速的方法来研究某沿海城市住宅，可以对已建小区提出措施改进不良风环境，还可以指导、优化未建小区的规划与设计，以营造健康舒适的居住区微气候环境；袁炯炯等（2012）以闽南沿海地区居住区典型现代住宅为例，针对夏季典型气候天气情况，实测其居室内部热环境，分析闽南沿海地区现代住宅内部空间热环境的变化状况及遮阳构造技术；王宏聪（2012）以珠江下游广东省东南部为例探讨了沿海城市居住建筑形态和发展趋势；马占东等（2012）以辽宁省为例，从城市人居环境的安全角度出发，考虑滨海城市产业结构现状的同时，客观分析了石化工业发展状况及石化工业主要污染物特征，初次尝试建立针对石化工业的人居环境安全评价指标，进而完善石化工业园区评价体系，并对沿海城市石化工业发展提出相应建议，提升滨海城市人居环境质量；张焕（2012）以舟山群岛为例，研究海岛人居环境空心化问题的成因、弊端及解决该问题的必要性。

1.3.4 当前研究存在的不足

当前亲海人居环境研究处于起步阶段，大多是从建筑学、社会学等其他学科角度出发，缺少系统和理论的梳理，以及全面、深入的论述，主要表现为以下三个方面：

1. 亲海人居环境研究内容缺乏

目前的研究多侧重于滨海城市亲水空间及亲水设施的设计和规划方面，难以反映亲水空间、亲水设施设计后是否满足人类亲水人居环境的需求，缺少定量评价亲海人居环境质量的评价指标体系。

2. 海洋科学和地理学角度研究人居环境较少

中国滨海人居环境的研究从学科角度来看，多集中于建筑学、规划学、生态学等角度，而从海洋科学和海洋经济学角度的研究较少，缺少海洋活动引导机制下的城市人居环境可持续发展的研究。

3. 亲海活动与人居环境之间关系的研究不足

亲海活动对人居环境的影响研究多侧重于定性描述，且多从海洋开发的生态效应、环境污染角度出发，缺少从人居环境主体角度的研究及人居环境质量时空演变机制的分析，难以客观、全面地反映亲海活动与人居环境之间的关系。

1.4 研究内容、框架及方法

1.4.1 研究内容及框架

本书依据系统科学的基本研究思路，围绕城市人居环境系统的特点和海岸带开发的历程与影响，采用文献研究法，归纳总结国内外相关研究现状，分析海岸带开发对人居环境的影响，开展沿海城市亲海人居环境研究，从"亲海"视角界定亲海空间和居住空间的范围，构建突显"海洋"特点的亲海人居环境评价指标体系，利用模糊综合评判模型，对中国沿海城市进行具体实际的实证研究，并分析沿海城市亲海人居环境的时空演变特征和驱动机制，提出海岸带开发与人居环境协调发展的建议（图1-1）。

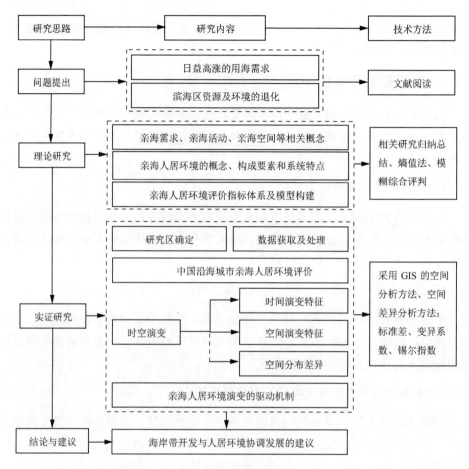

图 1-1　研究技术路线

1.4.2　研究方法

根据本书研究的内容和目标，采用文献研究法和统计分析法相结合，对搜集到的大量资料进行归纳总结、统计分析、综合比较等，系统科学地研究沿海城市亲海人居环境系统发展现状，并采用模糊综合评判模型和空间分析法，研究中国沿海城市亲海人居环境的现状及时空演变特征。

1. 文献研究法

文献研究法是根据确立的研究内容和目的，通过搜集、整理、分析、归纳总结大量文献的研究，形成对问题事实的科学认识，进而全面地、正确地了解和掌握所要研究问题的一种方法。其作用如下：能了解有关问题的历史和现状，帮助确定研究课题；能形成关于研究对象的一般印象，有助于观察和访问；能得到现实资料的比较资料；有助于了解事物的全貌。

本书文献资料的调查收集范围主要以公开发表或出版的统计年鉴、管理公报、发展报告、环境状况公报等为主。文献资料收集的内容包含国内外关于亲水规划研究、人居环境科学研究和海洋开发研究，涉及历史、经济、社会、海洋、地理、文化以及生态环境等各方面的研究资料，力求尽可能广泛且全面地涵盖海洋开发与沿海城市人居环境历史发展变化的内容。

2. 统计分析法

统计分析法是通过对研究对象的各类属性数据关系进行分析研究，认识和揭示研究对象内部和外部的相互关系、变化规律和发展趋势，形成定性与定量的结论，进而达到对研究对象的真实、正确解释的一种研究方法。

本书研究中，资料的统计分析采用了海洋开发与城市人居环境发展关系的定性分析、海洋要素与居住环境影响的指标定量分析相结合的综合分析方法，通过定性与定量的分析结果，确立中国沿海城市亲海人居环境评价的指标集合。

3. 模糊综合评判方法

模糊综合评判方法是一种运用模糊变换原理分析和评价模糊系统的方法，是以模糊推理为主的定性与定量相结合、精确与非精确相统一的分析评判方法。

本书以"亲海"视角研究中国沿海城市人居环境。人居环境是一个复杂的系统，具有多属性、多评价因素等特征，采用模糊综合评判方法来构建沿海城市亲海人居环境评价模型，能够客观、全面地分析中国沿海城市亲海人居环境的现状以及海洋开发与人居环境相互间的关系。

4. 空间分析法

空间分析法基于空间与非空间属性数据的联合运算方法，运用多种几何的逻辑运算、数理统计分析和代数运算等手段，定量研究地理空间的空间分布模式，多适用于强调地理空间本身的特征、空间决策过程和复杂空间系统的时空演化过程分析。

本书研究中采用空间信息量计算、空间信息分类、叠加分析和空间统计分析多种基本手段，对研究区范围内大量的空间和非空间数据进行统一标准化处理，将沿海城市人居环境和海岸带开发相关的所有指标数据矢量化，并赋值到中国沿海城市行政区空间对象上；采用空间分布差异分析方法研究中国沿海城市亲海人居环境空间分布的差异，得出其时空演变的特征。

第2章 亲海人居环境理论研究

2.1 海洋与人居环境的关系

2.1.1 海洋自然要素对人居环境的影响

海洋自然地理要素包括气候、地质、地貌、土壤、水文、植被，是人类生存环境的重要组成部分，这些地理要素首先影响了人口的聚集与分布情况，进而影响城市的形成与发展（许学强，1997）。海洋与陆地、大气共同组成了地球的基本环境，海洋在人类赖以生存的地球上，以约占地球表面70%的分布面积，给人类的生存环境造成巨大而深远的影响。海洋对人类居住环境影响的自然因素包括气候、地质、地貌、土壤、水文、植被，具体关系如图2-1所示。

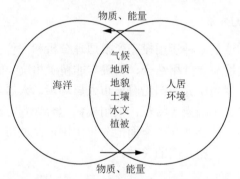

图2-1 海洋自然要素与人居环境的关系

资料来源：许学强，1997

1. 海洋气候影响人类居住场所的建筑风格

海洋拥有的水量占地球的98%，因为海陆热力性质的差异，拥有较高的热容量，通过海陆间大气的热力循环，不仅控制着气候的状态而且影响着气候的变化。据相关资料分析，大气的能量有一半直接来自海洋，其中的水汽则几乎全部直接或间接来自海洋，所以，海洋对于调节地球的气候起着重大作用。

海洋气候对人居环境的影响最明显的是人类居住场所建筑风格的不同。海洋各大环流因其对热传输的驱动和贡献而影响着气候（李雪铭，2010）。大洋环流对气候影响最明显的是墨西哥湾暖流和黑潮，尤其是墨西哥湾暖流的影响导致北欧有着温暖的冬天。此外，厄尔尼诺-南方涛动（El Niño-Southern Oscillation，ENSO）会引起全球范围的气候异常。从具体的方面来看，不同的气候带，因气温、降雨等因素的影响，导致各地居住场所（房屋）的结构、房顶的结构出现明显差异。多雨雪地区的房屋顶端结构的坡度较陡，因为多雨地区的房屋坡度陡则不易积水，高纬度多雪地区坡度大则不易积雪，减少了房顶的承重。另外，低纬度地区的阳光充足且炎热干燥地区的坡度较缓。在建筑学上，较著名的建筑风格均与气候有很大的关系，例如，英式建筑受哥特风格的影响，同时因气候寒冷、降雨较多，所以屋顶坡度较大；而地中海地区，夏季炎热干燥，屋顶通常坡度较小，其中典型的就是西班牙风格。中国滨海地区为海洋性季风气候，夏季多东南风、湿润多雨，冬季多西北风、寒冷干燥，造成了居住环境的差异。

2. 海岸带地质地貌影响人类居住区的布局和发展

地质条件是一个城市生态环境存在与稳定的重要因素之一，也是城市建设的基础条件。从古至今，海岸带是人类活动最集中的地区，同时也是地质作用最为活跃和敏感的区域，分布着工业城市、海港城市和旅游城市等，是海陆交通的枢纽、经济发展的重要基地，海岸地貌的演变过程直接作用于城市布局形态和发展模式。

海岸带特殊的地质条件影响着住宅建筑物的承载能力，而且海岸丘陵地貌影响人类重要的聚居地——城市的发展和布局。海岸带的地质条件各不相同，对住宅建筑物的承载力完全不同。砂质和粉砂淤泥质组成的海岸带对建筑物的承载力较小，而基岩岸线对建筑物的承载力较大，海岸带建筑房屋时，必须对不同地基做出不同的处理。海岸带地貌条件的不同影响聚居地的布局和发展，山地、丘陵、平原对城市人居环境的影响较大。如大连市为典型的山地丘陵地带，建筑物沿山谷而建，城市交通顺应丘陵地带的特征，依山而建，形成了具有特色的依山傍海的滨海城市风光。

3. 海浪、潮流等水文要素变化影响人居环境建设和安全

海洋水文要素包括水深、水温、盐度、海流、波浪、水色、透明度、海冰、海发光等，其中，对人居环境影响较大的要素有海流和波浪。风产生海浪，故波速和波高受风速控制。海浪对海岸滩的影响作用，通常表现为海岸的侵蚀。潮流是因潮汐现象形成的海水水平向的周期运动，主要作用于海岸带区域。潮流具有强大的搬运泥沙能力，进而加深海浪的波动作用，使得作用强度变大，影响范围更加广阔。水深、水温、盐度等水文要素的改变引起海浪和潮流的变化。

海浪、潮流变化引起的海岸侵蚀和沉积环境的改变，影响港口、旅游区、沿

岸城市等建设，同时影响海水环境、水产养殖、近岸海上运动以及沿岸作业活动。大规模的海浪、潮流变化如风暴潮、台风等自然灾害，威胁着人居环境的安全。

4. 海岸植被影响人居环境生态调节

海岸带植被可为人类生活供氧，对人居环境进行生态调节。同时，海岸带植被为沿岸居民观赏、休闲娱乐等创造适宜的环境，不同区域的植被类型也不同，可形成旅游景区。例如，盘锦市的红海滩，大面积碱蓬草长在一起汇聚成了红色的海洋，与当地人文景观完美结合，成为集游览、观光、休闲、度假为一体的综合型绿色生态旅游景区。

2.1.2 海洋开发对人居环境的影响

当今世界面临着人口、资源与环境的巨大挑战，面对陆地资源短缺的压力，人类又把目光转向海洋，海洋成为了人类生存与发展的重要空间。蓝色海洋蕴含丰富的生物、矿物、可再生能源及空间资源等，给人类的生活带来无法估量的价值，在资源供应、经济发展、社会发展、生态环境等方面都有着不可替代的巨大贡献。21 世纪是海洋世纪，海洋在人类社会可持续发展中具有举足轻重的地位，是解决人类生存与发展问题的有效途径之一。

海洋开发对人居环境的影响，可以从经济、社会和生态三个角度阐述。

1. 经济方面的影响

当代海洋经济主要为海洋资源开发和依赖海洋空间而进行的经济生产活动，包括海洋渔业、海洋矿产资源开发、盐业、油气、滨海旅游等。丰富多样的海洋资源为国民经济发展提供了有力的保障。

随着陆地资源逐步紧缺，人类活动进一步向海洋延伸，海洋经济地位加速提升。根据《2012 年全国海洋经济统计公报》，2012 年全国海洋生产总值占国内生产总值的比例已高达 9.6%，可见海洋经济在国民经济中的地位得到巩固。随着海洋开发力度的加大，其地位将会进一步提升。

海洋渔业是中国海洋经济的传统产业，自 1990 年起连续十多年居世界首位。2012 年全国海洋渔业实现增加值 2813 亿元。

海洋生物医药业成为人类健康研究的新领域。目前，中国海洋生物技术产业在抗肿瘤、抗心脑血管疾病、抗动脉硬化等方面取得了一定的成果，已相继进入临床研究阶段。2011 年，海洋生物医药产业增加值达到 99 亿元，较上年增长 15.7%。

海洋交通运输业为人们出行、货物运输提供经济便利的运输途径，2012 年实现增加值 3816 亿元，较上年增长 16.7%。

海洋旅游业满足人们精神和物质的需求，是人们以海洋资源为基础的包括观光、度假和娱乐的各类旅游形式。海洋旅游业是世界海洋经济的较大产业之一，2012 年中国滨海旅游业实现增加值 4838 亿元，滨海旅游区在 2005～2008 年接待国内旅游者从 50 717 万人次增长到 65 875 万人次，年均增长率为 13.97%。

随着海洋经济在国民经济中的地位逐步提升，中国海洋产业结构也在不断调整优化中。从"八五"末期海洋三次产业结构比例的 48∶14∶38 到"九五"末的 50∶17∶33，调整带来的表现是海洋劳动就业结构的变化和就业队伍人员的扩大。

海洋是人类生存与发展的资源宝库和地球上的最后生存空间，人类社会在高科技的引领下，正以全新的姿态与理念向海洋空间发展，将继续提升其在国民经济中的地位。

2. 社会方面的影响

人类起源于海洋，海洋在人类历史的发展过程中发挥了非常重要的作用。著名的"地中海文明"，开启了整个欧洲的文艺复兴运动，在人类历史上创造了"海洋社会"和"海洋文明"。海洋开发活动在取得经济效益的同时，也改变了沿海地区的人类社会，海洋的发展对沿海社会产生了重要的影响。

海洋弥补了人类社会生存空间的不足。目前，国土空间资源稀缺是中国的基本国情，沿海地区适度填海造地，已成为化解空间资源问题的一种有效途径，有力地支撑了国家发展战略确定的一大批工业基地、滨海新城、农业基地和港口群建设。据历年《海域使用管理公报》和《中国国土资源年鉴》统计，2003～2012年，沿海地区填海造地总面积占新增建设用地供应总量的比例约为 12%。填海造地成为沿海地区增加建设用地的重要手段，根据国家海洋局资料统计，"十二五"规划实施以来，国务院共批准区域建设用海规划 79 个，其中规划填海面积 1115km^2，极大地缓解了沿海地区用地紧张，为沿海地区落实国家发展战略提供了宝贵空间。

海洋农业缓解了粮食压力。中国人口数量巨大，而人均耕地面积不足，在这种情况下提供足够的粮食来满足日益增长的人口压力是中国目前面临的一个非常严峻的问题。而以发展海洋牧场为主的"蓝色农业"是具有巨大潜力的方向之一。中国渔业发展历史悠久，在综合生产能力不断提高的同时，渔业产业结构由天然捕捞为主转向人工养殖为主，在现阶段海洋经济构成中，水产养殖业占有很大比例。以虾、贝、藻、鱼等海洋养殖为主的海洋农业，为人们提供优质的蛋白粮食。发展"蓝色农业"已成为现代农业和国民经济结构中的重要支撑力量。

海洋提供了水资源储备。浩瀚的海洋是一个宝贵的水资源宝库，全球海洋面积约占地球表面积的 71%，具有取用不尽的资源和巨大的开发潜力。依据《2012年中国海洋发展报告》内容，现阶段中国海水利用活动包括三类方式：海水淡化利用、海水直接利用和海水化学资源利用。中国淡水资源总量为 28 124 亿 km^3，居世界第 6 位，但人均淡水资源量为 $2100km^3$，被联合国列为 13 个贫水国家之一。海水淡化是解决沿海地区淡水资源紧缺的重要途径，截至 2008 年年底，全世界海水淡化产业迅速发展，据统计日产量已达 4250 万 km^3，可解决 1 亿多人口的供水问题（张国辉，2010）。海水资源的综合开发利用，可实现沿海地区水资源可持续利用的发展，是沿海经济发展、改善生态环境的客观需求。海洋是大自然赐予人们的巨大财富，综合利用海水是解决沿海城市缺水问题、提升人居环境的必由之路。

海洋推动了劳动就业。随着沿海地区经济的蓬勃发展和海洋新兴产业的不断扩张，海洋经济已成为推动国民经济增长的重要力量。海洋产业的快速、强势发展，有力地带动了海洋相关产业的就业发展，促进了海洋就业人数的提高（周井娟，2011）。据《2012 年中国海洋发展报告》统计，涉海就业人口从 2001 年的2107.6 万人增加到 2012 年的 3350 万人，2012 年新增就业 80 万人。涉海就业人口占地区就业总人口的比例从 2001 年的 8.1%提高到 2009 年的 10.1%。海洋产业发展与海洋劳动力就业已形成良性互动关系，是影响中国社会稳定、经济发展的一个重要因素。

3. 生态方面的影响

海洋作为全球生态系统的重要组成部分，从古至今一直在为人类提供生态服务。一般认为海洋的服务功能主要包括以下几方面：气候调节、干扰调节、营养盐循环、废物处理、生物控制、生境功能（韩增林和刘桂春，2003）。海洋开发主要影响海洋生产力、海洋风险抵御能力和人类健康安全等。

随着科学技术的发展，人类开发海洋的速度越来越快，对自然海域的影响作用也越来越大，例如，过度的捕捞致使海洋传统渔业资源普遍衰落；工业污水未经处理直接排入海洋，已严重影响近岸海洋生物群落，直接或间接地影响了近岸海域的生产力。相反，提倡科学开发利用海洋资源，可以显著提高海域的生产力。

人类开发海洋活动会影响海洋自然条件的改变，引发海洋灾害。例如，沿海区域地表水干涸和地下水超采等引发海水入侵以及海岸侵蚀等。对人类居住环境影响较大的主要有风暴潮、海浪、赤潮、海岸侵蚀、海水入侵、海平面上升和沿海土地盐渍化等。海洋自然灾害主要威胁海上及海岸区域，有些还危及内陆地区的城市经济及人民生命财产的安全。

海洋调节着全球的气候，为人类创造了可生存的自然环境。不科学的海洋开发活动对海洋水动力造成影响，引发海湾淤积、近岸海水污染加剧、大气环流等，这些都会对沿海城市生态、滨海湿地、近岸环境等系统的健康产生影响。海平面的上升对沿海地区社会经济、自然环境、生态系统及人类居住环境等有着重大的影响，海平面的上升可淹没一些低洼的沿海地区，也会使风暴潮加剧，危及沿海地区人类居住的安全。

2.1.3 海洋文化对人居环境的影响

海洋对人类文化的影响比较大，它是在人类认识和利用海洋的过程中形成的。海洋文化归结起来就是人们把在海洋实践活动中获取的知识和经验，再重新应用于新的实践活动，包括海洋实践对整个人类生活的意义，这些都会凸现在人们的心理上及观念上（陈劭光，2004）。世界上任何国家对海洋的认识利用，大致上经历了直接从海洋获取食物—将海洋作为重要的航运条件—定居海岸边三个阶段，海洋文化的形成也与这三个阶段紧密相连（李应济和张本，2007）。定居海岸边也就是将海岸边作为重要的居住空间，同时作为人类新的发展空间，海洋文化对人类的影响步入一个新时期。

海洋文化是中华传统文化的重要组成部分之一，它影响着人类的居住观念与居住模式。沿海城市大多以海洋为主题，从居住观念到民居的设计理念以及城市规划，无处不体现"海洋的味道"，体现人类亲近自然、走进自然的内心意愿。同时，海洋是物质文化交流的媒介，物品、文化、知识通过海洋与世界交流，扩大城市的影响力和辐射力，增强城市的吸引力，从一定程度上，也影响城市发展的战略谋划与发展模式。

2.2 亲海相关理论

"亲"一字，《新华字典》中基本解释为表示关系亲密，现又指网络流行语。传统意义上看，"亲"字多为形容词，多理解为有血统或夫妻关系，如《礼记·大传》中"亲者属也"；同时，"亲"字也具有动词含义，有亲近、接近之意，如词语"亲临"。"海"一字，本义为大海、海洋。"亲海"二字，在《辞海》及其他词典中无相关解释，本书将之狭义解释为通过亲近海洋、接近海洋、接触海洋，获得身体放松和净化心灵的一种精神需求；广义的理解是人类为维持自身的生存与发展，而从海洋中获取物质和精神需求的一种意愿或行为。

2.2.1 亲海需求

海洋为孕育人类的摇篮，海洋在人居环境中占据重要的地位，人类对海洋同样具有需求，而且属于最基本的自然需求。

1. 自然需求

人居环境是人类聚居生活的地方，是与人类生存活动密切相关的空间，它是人类在大自然中赖以生存的基地，是人类利用自然、改造自然的主要场所。人是人居环境的主体，人居环境的研究目的是要满足人类的居住需求。自然界是人类生存的根本，人对自然的需求是绝对的，同时人对自然的需求随着人与自然关系的转变不断发生变化。按照马斯洛的层次需求理论可知，人对自然的需求也是有层次的，具有高低先后之分。如图 2-2 所示，人对自然的需求最初为盲目崇拜自然，绝对地依赖自然，对自然的需求多集中于生存必需的物质需求。随着社会科学技术的进步，相信人类对自然有绝对的决定权，认为自然界是可以被人类征服的，人类对自然的利用达到空前的程度，以满足获取最大经济利益的极大拥有和满足感。然而，人类过度地利用自然，造成了自然环境被破坏，人类逐渐意识到自然的作用，充分认识到自然的力量，开始尊重自然，提出可持续发展的理念，人类与自然和谐发展理念中包含了人类开始追求自然愉悦身心、陶冶情操等精神的需求。

图 2-2 人对自然需求的变化

2. 亲海需求

人类对海洋的向往与追求源于生命的本能，人类想亲近大海、感受海的宽广、了解海的奥秘、聆听海的声音、品尝海鲜美味等欲望，与营销学中需求的定义类似，本书将其归纳为亲海需求。

　　借鉴心理学、营销学中需要与需求的定义，亲海需求是指人类亲近海洋的各种欲望。亲海需求是人类居住需求的一个重要方面，从唯物论的角度出发，亲海需求包括亲海物质需求和亲海精神需求。亲海物质需求是指利用海洋自然、矿产、生物等资源获取物质和经济利益；亲海精神需求是指通过与海的近距离接触或体验，获取心灵、精神、身体的放松、愉悦、娱乐等，如青岛、大连等滨海旅游城市的滨海大道，衔接城市与大海，为人类亲海需求提供了重要的活动场所。亲海需求类型划分如图 2-3 所示。

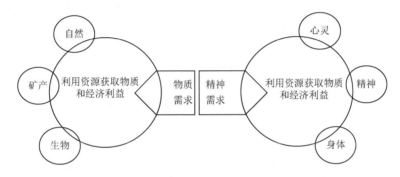

图 2-3　亲海需求类型

　　亲海需求按照马斯洛的层次需求理论可分为以下几种：低级需求为亲海物质需求，直接获取各种海产品，包括海鲜、海菜、海盐、珍珠等；中级需求是指对直接获取的物质进行加工或者深加工，如海洋矿产石油、各种海产品养殖、海砂开采等；高级需求是指通过建造浴场、游乐场等实现人对大海近距离的接触，如游海泳等海上的一切休闲娱乐运动，来获取精神的愉悦和身体的放松。

2.2.2　亲海活动

　　亲水活动可分为亲河、亲海、亲江、亲湖、亲溪等，亲海活动是亲水活动的一种。中国大部分经济发达的城市均位于沿海地区，沿海地区是中国经济最发达的地区，故亲海活动研究具有重要的意义。

　　1.　亲水活动概述

　　亲水活动缺乏专门的研究，多在景观设计研究文献中提到。如孙逸增翻译的《滨水景观设计》（日本土木学会，2002）明确给出了亲水活动的概念，所谓亲水活动是指活动时把水在身边的感受作为目标之类的活动。李琳（2005）在其硕士论文《城市滨水地带亲水空间设计研究》中从广义上定义了人类的亲水活动，她认为人在滨水地带的一切大众活动都可以称为亲水活动，亲水活动具有随意性、多样性、公共性和参与性等特征，同时对亲水活动进行了分类。杨扬（2008）认为亲水活动是指人们通过在滨水空间中进行的散步、运动、戏水、垂钓等娱乐休闲活动，以及在风景欣赏过程中获得心理上和精神上的满足感的活动，并将亲海活动分为步行行为、休憩行为、社交行为、观赏行为和亲水行为（图2-4）。丁圆（2010）将亲水活动定义为维持人类自身生存，获取食物以外的亲近河流、湖泊、大海等水体的各项活动，其目的是改善人的生理机能，使其获得心理和精神层面的愉悦。谢永顺（2014）探讨了人类亲水的社会基础和产生亲水活动的原因，并从环境心理学角度入手，分析了人类视、听、触、嗅等对水的感知途径，研究了亲水活动的特征并将其分类（表2-1）。

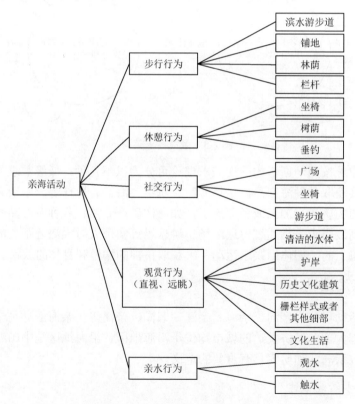

图 2-4　人在滨水空间中的行为

资料来源：杨扬，2008

表 2-1　谢永顺（2014）划分的亲水活动类型

分类	名称	具体活动
休闲景观类型	休闲	散步、聚会、交流、野餐等
	观赏	赏自然风光、鸟语花香、动植物等
	游玩	戏水、采摘花草、摄影等
运动类型	水上	划船、冲浪等
	水边	垂钓、涉水、打水漂等
	岸堤	小聚、漫步、各种沙滩运动等
民俗文化型	民俗和民间文化活动	赛龙舟、放风筝、祭祀、放河灯和孔明灯等
考察学习型	研究	研究野生动植物
	学习	写生、观察水中野生动物
文化娱乐型	体育	划船、赛船
	娱乐	音乐喷泉、音乐会等

资料来源：谢永顺，2014

2. 亲海活动的概念和特点

参考以往亲水活动定义，本书认为亲海活动是人类通过亲近海洋，为维持自身的生存与发展而满足物质和精神需求的一切活动。以往对亲水活动定义，往往是从狭义的角度来说，认为亲水活动是人类获取心灵和精神上的愉悦和满足以及身体上的放松。本书认为人类亲海活动的目的不单单是指获取心理和精神上的放松，也包括人类对海洋直接的利用，如海水养殖、港口建设、海洋石油开发等，从海洋资源获取物质利益和经济利益。

亲海活动除涵盖亲水活动的一切特征，即多样性、随意性、公共性和参与性外，同时具有目的性和约束性。

（1）多样性：根据不同的人群的需求、兴趣不同，可选择不同的活动，如散步、游泳、聚会等。

（2）随意性：人类可以根据自己的意愿和心情，选择自己愿意参与的活动。亲水活动具有多样性，一切获取心灵和精神愉悦的亲海活动均具有随意性。

（3）公共性：人是社会性的，具有交通和交流的需求，公共活动则是人类增强交往的主要方式。滨海区为公共性需求提供了空间。

（4）参与性：参与是人的本能。人只有参与到某个活动中，才能体现自己拥有的价值和能力。参与活动还可激发人的某种潜质，多样化的参与性活动可大范围增加人的社会交往行为、扩大交友圈，促进更多的思想和文化的交流与碰撞。

（5）目的性：人类获取物质和经济利益的活动，首先要有目的性，想获取某一方面的利益，如海水养殖、港口建设、晒盐等。

（6）约束性：人类获取物质活动和经济利益的亲海活动，必须符合《海洋功能区划》，只能在符合海洋功能区划的区域从事活动，不得与海洋功能区划相违背。

3. 亲海活动类型

亲海活动按照不同的需求，从不同范围以及不同的角度，可进行如下划分：

（1）从亲海需求来看，亲海活动可分为亲海物质活动和亲海精神活动。亲海物质活动为利用海洋资源获取物质和经济利益的所有亲海活动；亲海精神活动为通过近距离的海水接触或体验达到愉悦心情、放松身体、净化心灵的亲海活动。

（2）从亲海活动产生的利益来看，亲海活动可分为以经济营利为目的的亲海活动和以非营利为目的的亲海活动。以经济营利为目的的亲海活动是目前形成巨大经济价值的海洋产业活动，包括渔业养殖、盐业、滨海旅游区、海上运输等；以非营利为目的的亲海活动多为一些公益用海或者满足个人意愿的亲海活动，包括游乐休闲活动、海上运动、观光游览等。

（3）从活动范围来看，亲海活动可分为陆上亲海活动和海上亲海活动。陆上亲海活动包括海边漫步、观海、晒盐等；海上亲海活动则包括水上运动、海底矿产开发、铺设海底电缆管道等。

（4）从亲海活动发生后对生态环境的破坏程度来看，亲海活动可分为损害性亲海活动和无损害性亲海活动。损害性亲海活动指亲海活动发生后，对生态环境产生了一定的破坏，且生态系统本身无法修复的活动；无损害性亲海活动指亲海活动发生后，对生态系统不产生破坏，或者说产生破坏但生态系统本身可以修复的活动。如围填海亲海活动，改变了海洋本身的自然属性，为损害性亲海活动；而渔业养殖、海上运动、观光游览为无损害性亲海活动。

（5）从亲海活动的目的来看，亲海活动可分为亲海经济活动、亲海居住活动和亲海娱乐休闲活动。亲海经济活动是指以获取经济利益为目的的各种亲海活动，包括渔业养殖、海盐开发、石油开采、旅游开发等；亲海居住活动是指在滨海地区从事与居住有关的各种活动，包括滨海房地产开发、围海造地等；亲海娱乐休闲活动包括观光度假、锻炼运动、游览、休闲娱乐等。

4. 亲海活动对人居环境的影响

狭义的亲海活动对人居环境的影响较小，而从广义来看人类获取物质和经济效益的亲海活动——海域开发利用活动对人居环境的影响巨大。人类围填海工程为房地产开发提供了巨大的开发空间，改善了居住环境，同时也会破坏居住区的海洋生态环境，诱发和增加居住安全的威胁。

（1）扩大人类居住空间。根据国家海洋局海域质量管理公报数据统计发现，自 2001 年以来,中国确权的填海造地工程面积逐年增加,如图 2-5 所示,截至 2013 年 12 月 31 日，累计确权造地工程用海 52 861hm²。造地工程用海在填海完成后，换发土地证，和土地同等使用。

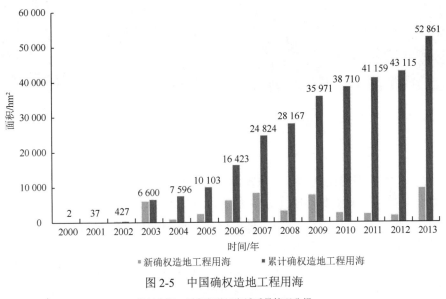

图 2-5　中国确权造地工程用海

资料来源：国家海洋局海域质量管理公报

目前，中国造地工程用海的主要用途为工业区、旅游区等,扩大了人类的生存空间，也增加了居住空间。天津滨海新区为典型填海造地案例，国家海洋局批复的天津南港工业区区域建设用海规划审批填海面积共计 7186hm²，占天津南港工业区规划面积的 35.93%。海南省儋州市白马井莲花岛旅游综合体区批复规划填海面积 1575.64hm²。山东省海洋文化旅游聚集区共计批复 655.59hm² 的规划填海面积。工业区和旅游区区域建设填海规划对城市经济发展和人居环境提高具有重要的影响和作用。

（2）改善人类居住环境。滨海地带早期多为开发的盐城或者沼泽地带，随着中国改革开放及各地经济水平的发展，人们对海洋的重视程度逐渐加深，不断改造海岸带的环境，最为有名的是大连星海湾改造广场。如图 2-6 所示，大连星海广场的前身是大连星海湾一座废弃的盐城，排污口遍地，随处可见垃圾、烂泥潭。星海广场占地 176 万 km²，1993 年市政府进行了改造。如今星海广场成为大连市民和游客最喜欢的城市广场，近距离亲海，体验海风、畅游海泳，无比惬意，而且该区域已经成为集高端住宅、金融、餐饮、休闲娱乐为一体的重要商务区，很多海内外投资者正是因为这个区域良好的自然和人文环境而选择落户。

（a） （b）

图 2-6 星海湾改造前后对比

资料来源：http://news.jschina.com.cn/system/2011/07/05/011154515.shtml

（3）破坏人类居住区的自然生态环境。《联合国千年生态环境评估报告》提出："人类对海岸带资源的压力导致许多对沿海经济和人民生活具有重要作用的生态系统服务功能的下降，其中包括可持续的食物供应、引人入胜的海洋旅游和休闲资源等。"随着人类涉海领域及海洋产业的增多，人类过度、无序地开采海砂资源，以及对红树林资源滥砍滥伐（图 2-7）和大面积的围填海等行为已严重破坏了海洋生态系统的平衡。

（a） （b）

图 2-7 人类对海岸线的破坏

资料来源：江苏新闻网、新华网

据《2012 年中国海洋环境状况公报》海洋生态系统健康状况评价结果表明，中国生态系统保持其自然属性（健康）、生态系统基本维持其自然属性（亚健康）和生态系统自然属性明显改变（不健康）的海洋生态系统分别占 19%、71% 和 10%。生态系统不健康区为锦州湾和杭州湾两个检测区，其生态生物多样性及生态系统结构发生较大程度变化，生态系统主要服务功能严重退化或丧失。大面积的填海活动，导致多年来锦州湾生态系统一直处于不健康状态（图 2-8）。2007～2011年，填海活动尤其突出，致使锦州湾内海域面积累计减少约 43%。湾口变窄、海水深度变浅，湾内和湾外海水的交换能力受到阻碍，近岸海水污染加重。

（a）2007 年　　　　　　　　　　　　　　（b）2011 年

图 2-8　锦州湾围填海情况对比

（4）污染人类居住区水质环境。海水质量是影响海洋经济发展的主要因素。海水水质下降、污染加剧等极大地影响中国海洋渔业及滨海旅游业等产业的发展，如滨海旅游人员产生的旅游垃圾、工业污染物直接排放、渔业养殖过量等因素，均会造成海水质量的下降。

据《2014 年中国海洋环境状况公报》分析，近岸局部海域海水环境污染依然严重，近岸以外海域海水质量良好。渤海、黄海和南海夏季劣于第四类海水水质标准的海域面积分别减少了 2740km^2、530km^2 和 3440km^2，东海劣于第四类海水水质标准的海域面积增加了 3510km^2。海水环境污染区域多分布于河流入海口处，长江入海口和珠江入海口的近岸海域污染最为严重。近岸海域主要污染要素为无机氮、活性磷酸盐和石油类。

（5）诱发和增加人类居住安全威胁。极端天气系统引起的风暴潮、飓风等海洋环境灾害对人类生活造成巨大的损失。随着人类不合理开发利用海洋资源的行为不断增加，破坏海洋生态系统环境，造成了海洋灾害的频发、加剧了灾害的破坏程度。据《2013 年中国海洋灾害公报》统计分析，2013 年中国海洋灾害造成直接经济损失 163.48 亿元，死亡（含失踪）121 人。

由表 2-2 可以看出，造成经济损失较多的海洋灾害主要为风暴潮。海平面上升、海岸侵蚀、海水入侵与土壤盐渍化、咸潮入侵等海洋灾害对环境造成的影响是缓慢的，但是其相互作用加剧了对环境造成的影响。人们应合理利用海洋资源，维持海洋生态系统平衡，尽量减少海洋灾害对人们生产生活的影响。

表 2-2　2013 年海洋灾害分灾种损失统计

灾害种类	死亡（含失踪）人数	直接经济损失/亿元
风暴潮	0	153.96
海浪	121	6.3
海冰	0	3.22
海啸	0	—
赤潮	0	—
绿潮	0	—
海平面变化	0	—
海岸侵蚀	0	—
海水入侵与土壤盐渍化	0	—
咸潮入侵	0	—
合计	121	163.48

资料来源：《2013 年中国海洋灾害公报》

2.2.3　亲海空间

1. 亲海空间的内涵

亲海空间是指人类较便利地到达海岸线，较容易亲近海洋，并参与亲海活动的空间范围。其内涵与城市海岸带相同，既包括特定的陆地范围，又包括一定的海域空间，以海岸线为界，将其分为亲海陆上空间和亲海海域空间。亲海空间包含海洋渔业养殖、石油开采、海砂开采等海洋空间，同时又包括亲海居住、休闲娱乐等亲海陆上空间。从人类亲海需求的角度出发，不同需求产生的亲海活动的范围也大小各异，本书认为亲海空间为滨海空间中可以满足人类亲海需求的范围，或者说人们可以或者更容易接触到海的范围。

2. 亲海空间的范围

李琳（2005）在研究城市滨水地带亲水空间规划设计中，明确定义了城市滨水地带的空间范围：200～300m 的水域空间及与之相邻的城市陆域空间。其对人的诱致距离为 1～2km，相当于步行 15～30 分钟的距离范围，她还划分了亲水空间的位置示意图，认为图 2-9 中 C、D、E 为亲水空间。

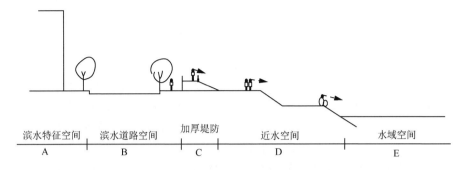

图 2-9　城市滨水地带亲水空间的空间位置及范围示意图

资料来源: 李琳, 2005

克里斯托弗·亚历山大等（2002）在《建筑模式语言》中将便利性描述如下："人们愿意前往步行 20 分钟之内到达的公共空间活动，超过 20 分钟才能到达的场所人们就很少使用了，如果在 10 分钟或更短的时间内到达的公共空间，人们将会经常使用它。"

按照克里斯托弗·亚历山大关于便利性的描述，人类愿意或者经常使用的场所的时间成本为 20 分钟。随着社会经济的发展，人类通勤的形式逐渐多样化，如步行、乘公共交通设施或者自己开私家车。由此看来，人类愿意或者经常使用的场所的空间范围逐渐扩大。如果人步行的平均速度为每小时 3.6km，则 20 分钟可到达的距离为 1.2km；如果公交车平均速度为每小时 40km，则 20 分钟可达到的距离约为 13.3km；如果私家车的车速为每小时 60km，则 20 分钟可到达的距离为 20km。可见，人类花 20 分钟时间成本可到达区域由 1.2km 扩大到 20km。考虑到当前快节奏的生活规律，结合现代人们的生活习惯，可将亲海陆域空间定义为由海岸线向陆地一侧 20km 范围。

人类亲海活动除了游泳、帆船、划船、快艇等，还包括海域开发活动。按照活动的范围来看，游泳、帆船、划船、快艇等活动的空间范围较小，在海岸线 200～300m，而人类获取物质效益和经济效益的亲海活动空间范围则较大。《中华人民共和国海域使用管理法》的地理适用范围是内水和领海，即海岸线到领海外缘线之间的区域，包括水面、水体、海床和底土，适用海域面积约 38 万 km^2。中国的领海管辖范围为 12n mile。亲海海域空间的范围可延伸到海岸线至领海基线向外延伸 12n mile 处。

综上所述，亲海空间的范围与亲海活动有关，本书定义亲海空间的最大范围为以海岸线为界，向陆延伸 20km，向海至领海基线向外延伸 12n mile 处。

2.2.4 亲海居住空间

1. 亲海居住空间的概念

海洋在人居环境中占据着重要的地位，目前，全世界有近40%的人口聚集在海岸带，可见沿海城市是人口聚居的主要地区。亲海居住空间为人类沿海较容易接触到海洋的居住区，从空间来看，其范围位于亲海空间内，为亲海空间的一部分，一般是以行政中心为中心形成的聚居区。

亲海居住空间按照地理位置的不同，可分为大陆亲海居住区和海岛居住区（包括人工岛）；按照居住区的聚集程度来看，可分为规模聚集的城市亲海居住区、相对集中分散的县城亲海居住区、较聚集的城镇亲海居住区和零散分布的乡村亲海居住区；按照居住区距海岸线的位置关系可分为近岸型和离岸型亲海居住区；按照居住区所处的位置不同可划分为入海口亲海居住区、沿江亲海居住区等；按照地质地貌条件的差别，可分为基岩亲海居住区、砂质亲海居住区、生物亲海居住区和淤泥质亲海居住区等。

2. 亲海居住空间的范围

为了明确亲海居住空间的定义，将以往的概念与空间加以区别。从范围来看，滨水地带包含亲水空间，而范围均小于海岸带，此定义是从人类亲水设计的角度出发，未考虑城市交通条件的影响。本书从广义的亲海活动角度出发，定义亲海空间的概念包括亲海居住空间（表2-3）。

表2-3　亲海相关空间范围的区别

名称	陆域空间范围	水域空间范围	来源
海岸带	由海岸线向陆方向延伸10km左右 河口地区，向陆延伸至潮区界	向海至水深10～15m等深线处 河口地区，向海延伸至浑水线或淡水舌	中国海岸带调查范围
滨水地带	海岸线延伸至1～2km，相当于步行15～30分钟的距离范围	200～300m的水域空间	李琳，2005
亲水空间	是滨水空间中最有活力、最吸引人的空间，一般步行15～30分钟能到达最好	200～300m的水域空间	曾令秋，2009
亲海空间	由海岸线向陆地延伸20km	海岸线至领海基线向外延伸12n mile处	本书界定
亲海居住空间	位于海岸线向陆地延伸20km范围内	水域空间中修建的人工岛或者海岛等	本书界定

3. 亲海居住空间的特点

亲海居住空间具有以下特点：

（1）条带性。亲海居住空间位于亲海空间内，从地理范围来看，在海岸线向陆延伸 20km 的条带内，空间分布上具有条带性。

（2）多样性。亲海居住空间既可以坐落在自然形成的海岸带上，也可以聚居于人工填海形成的人工岛上，著名的阿拉伯塔酒店（迪拜帆船酒店），建立在距离海岸线 278m 处的人工岛 Jumeirah Beach Resort 上（图 2-10）。

图 2-10 阿拉伯塔酒店遥感影像位置图

（3）不均匀性。亲海居住空间在亲海空间内的分布呈现不均匀性，与聚居区的社会经济条件有关，经济发达的大城市聚居空间较密集，而经济不发达或者欠发达地区聚居密集程度较低（图 2-11）。

（4）海岸形状决定性。亲海居住空间多沿着海岸线聚居，海岸线的形状和走向决定亲海居住空间的形态和聚居程度。海岸线曲折处、入海口附近和海湾处的亲海居住区较多，且容易形成大的居住区。

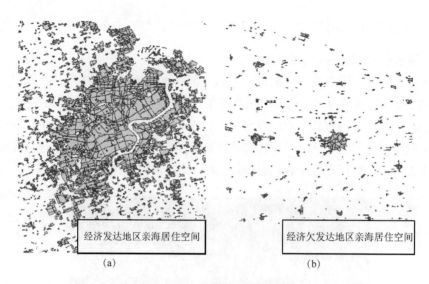

经济发达地区亲海居住空间

(a)

经济欠发达地区亲海居住空间

(b)

图 2-11　亲海居住空间分布

2.3　亲海人居环境

2.3.1　概念

人居环境是与人类密切相关的地表空间，亲海活动随着社会经济的发展成为沿海城市人居环境中最重要的影响因素，为了突显这一现象，本书提出亲海人居环境的概念。亲海人居环境是人类亲海活动影响下的人居环境的一个集合体，是人居环境中与人类亲海活动密切相关的一种聚居环境（图 2-12）。

亲海人居环境

人居环境

图 2-12　亲海人居环境与人居环境关系图

亲海人居环境与人居环境的关系可从两个方面来讨论：①亲海人居环境为人

居环境中一个子系统,强调人类亲海活动作用结果的居住环境系统,也包括自然环境和人工环境;②从地理学角度来看,亲海人居环境与人居环境一致,也具有地域系统的层次,可从邻里、居住小区、社区、城市等区域角度进行定义和评价,但是亲海人居环境的评价中需加入人类亲海活动对人居环境造成影响的评价。

2.3.2 城市亲海人居环境与滨海城市人居环境的区别

从构词的落脚点来看,城市亲海人居环境与滨海城市人居环境均属于人居环境,研究范畴存在很多的相似部分,城市亲海人居环境的指标可借鉴部分滨海城市人居环境的评价指标,但是两者具有差别性。

首先,两者的研究对象都是城市,从严格意义上来说都是靠海的城市,但是城市亲海人居环境的研究对象较滨海城市较广一些,因为只要城市的人居环境受到亲海活动的影响,不沿海不滨海的城市也可作为亲海人居环境的研究对象,而滨海城市的研究对象则必须是沿海滨海城市。随着海洋产业、经济活动及交通运输条件的发展,涉海产业地域空间逐渐扩大,亲海活动对人居环境的影响范围越来越大,不沿海的城市也会受到亲海活动的影响。

其次,从研究视角来说,滨海城市人居环境是从基本的城市人居环境入手,滨海城市人居环境是从区域的角度出发划分的人居环境的一个评价地区,与沿海城市人居环境一致;而城市亲海人居环境则侧重于从亲海活动影响的角度入手来定义人居环境。

再次,在两者评价过程中,评价指标体系的构建存在着差异。滨海城市人居环境的评价可套用人居环境评价指标体系来评价,但是选择研究对象的区域不同;而亲海人居环境的评价在指标体系构建的过程中包含亲海活动作用结果的人居环境要素和海岸带区域拥有特殊的海洋自然要素。

最后,从评价指标的动态变化来看,与滨海城市人居环境相比,在相同的时间内城市亲海人居环境指标的动态变化较为强烈。因为城市亲海人居环境较易受海洋要素突发变化的影响,如台风、赤潮等海洋灾害来势突然,且对人居环境的破坏也更为剧烈。

2.3.3 亲海人居环境的类型与定位

人居环境因所在区域的环境不同分出各种类型,由于研究区所在地域的自然条件的差异性以及经济发展水平、居民的活动方式和习俗的不同,可将人居环境划分为不同的类型,主要有以下六类:

（1）按照人居环境中某一突出要素划分为生态型、城市生活方便型、保健疗养型、文化教育型和综合型等；

（2）按照人居环境范围大小可划分为邻里、居住小区、居住区和城市人居环境；

（3）按照人类居住区域可划分为城市和乡村人居环境；

（4）按照人类环境发展历史划分为洞穴时代、古代、现代和未来人居环境；

（5）按照人居自然环境可分为山区型、平原型、沿江型、沿海型和内陆型人居环境（翟建青，2006）；

（6）按照居住者属性可分为低收入群体人居环境、白领、蓝领人居环境。

以往人居环境的划分都是从居住环境的角度出发，按照环境的不同来划分人居环境，近年来出现了按照居住者收入阶层来划分人居环境的方法。亲海人居环境则是从居住主体活动结果出发来划分人居环境，按照亲近水体的不同，还可划分为亲河、亲江、亲湖等人居环境。

参考人居环境的划分类型，亲海人居环境类型可划分为以下四种：

（1）按照某一亲海活动突出作用要素可划分为渔村亲海人居环境、滨海旅游城市亲海人居环境；

（2）按照人居环境范围大小可划分为邻里、居住小区、居住区和城市亲海人居环境；

（3）按照人类居住区域可划分为城市和乡村亲海人居环境；

（4）按照所处地理位置可划分为沿海（海岸线）城市亲海人居环境、海岛城市亲海人居环境。

亲海人居环境是从居住主体活动结果出发来划分人居环境，开拓了人居环境划分的新领域，丰富了人居环境的分类体系，并形成了人居环境新的研究方向。

2.3.4 亲海人居环境的构成要素

亲海人居环境是沿海区域人居环境的组成部分，其构成要素可分为自然环境和社会环境，其中，自然环境包括气候、地质、地貌、水文、绿化景观等；社会经济环境包括居住条件、公共服务条件、邻里环境、文化环境等（图2-13）。从亲海人居环境定义的角度出发，图2-13中字体加粗要素为亲海活动作用结果的要素，如海洋气候、海洋地质地貌、海域水环境、滨海景观、海洋经济作用、亲海空间、人均亲海岸线、向海洋直接排污情况、海洋灾害等。

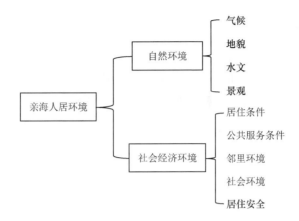

图 2-13　亲海人居环境构成要素

2.3.5　亲海人居环境系统的特点

亲海人居环境是人居环境的一个新的集合体，从根本上同样可以看成一个系统，它是一个开放性的系统，与系统外部存在物质、能量和信息的交流。从系统的角度来看，亲海人居环境系统拥有以下特点。

1. 整体性与地域性

整体性是系统必备的特征。亲海人居环境系统的整体性是指亲海人居环境各组成要素之间相互联系、相互作用构成一个整体，例如，亲海自然环境要素中水质环境与人类排污倾倒入海的污水的处理管理。另外，亲海人居环境是各组成要素相互作用、相互组合的一个整体状态，而非单一因素的状态。

亲海人居环境与人居环境一样，都具有区域性的特点。亲海人居环境在不同的地理空间内会表现出不同的要素组合状态，存在区域差异和空间分异。

2. 多变性和稳定性

按照唯物主义的理论，变化是绝对的，稳定是相对的。此规律也适用于亲海人居环境系统。亲海人居环境着重亲海活动作用的结果，而亲海活动虽然具有约束性，但具有绝对的动态变化性。另外，亲海人居环境因地理位置靠近海洋，易受异常气候引发的海洋灾害的影响，增加了多变的可能性。亲海人居环境的稳定性是指环境系统本身具有调节和改变亲海活动变化的能力，也就是一种自我调节或者自我恢复能力。当亲海活动作用强度不超过一定限度时，亲海人居环境可通过自我调节和自我恢复，保持系统环境的结构和状态不变。

3. 强烈人工性

亲海人居环境较以往的人居环境具有更加强烈的人工性。人居环境的主体是人，而沿海地区的居民依靠拥有的区位优势，开展各种亲海活动，如渔业养殖、港口建设等，加快对人居环境的动态变化，其强烈强度可能超过亲海居住环境的自我调节和自我恢复能力，加剧亲海人居环境系统的变化，甚至可能对亲海人居环境造成破坏。

第3章　亲海人居环境质量评价方法

人居环境质量评价是人居环境研究的一个重要方面，指在某个时间研究区的人居环境系统状态的整体表现，评价人居环境系统状态与居住活动之间的主客体需求关系。人居环境质量的评价流程主要包括选取评价指标体系的方法、构建评价模型及评价结果分级标准。亲海人居环境质量的评价反映了人居环境系统状态的价值，同时也反映了亲海活动对人居环境影响的程度。

3.1　评价指标体系

亲海人居环境是人居环境中的一个特殊区域，其质量评价与人居环境质量评价具有相似性，又具有差异性。亲海人居环境评价的指标体系，必须涵盖人居环境质量评价的基本指标，同时要涵盖海洋对人居环境影响的指标。

3.1.1　评价指标选取的原则

1. 以人为核心的原则

人是人居环境的主体，正因为"人"的居住需求，才有了"人居环境"。人在亲海人居环境中的作用，不单单是扮演居住者的角色，同时也是居住环境的开创者和破坏者。亲海人居环境质量评价，不但要考虑人类的居住需求，同时要深入分析人类亲海活动的作用，既包含居民对居住环境的主观感受和需求，又要体现人类亲海活动的需求。

2. 科学性和可操作性原则

亲海人居环境质量评价指标体系必须建立在科学的基础上，要明确各指标的概念和内涵，能够反映亲海人居环境的真实情况。由于人居环境系统复杂，加之亲海活动的影响，个别亲海活动对人居环境的影响错综复杂，因而如何因地制宜制定能反映亲海人居环境质量且具有可操作性的指标至关重要。另外，选择的指标必须可量化。

3. 全面性和层次性原则

亲海人居环境系统结构复杂，在选取评价指标时，应从整体出发，避免居住环境及亲海活动的片面侧重性，选择全面的指标。评价的指标体系必须反映人类亲海活动由物质需求、住区环境到精神需求的转变过程。亲海人居环境从微观到宏观、从抽象到具体，其构成要素（居住环境、社会经济条件及海洋因素）具有层次性。

4. 稳定性和动态性原则

亲海人居环境是一个动态发展的过程，应考虑评价指标的动态性特征，但在一定时期内具有相对稳定性，要避免指标内容变化过于频繁。亲海人居环境的评价指标要反映人居环境变化的动态性，可随时灵活修正和调整。

3.1.2 评价指标筛选流程

亲海人居环境指标的筛选过程主要从亲海活动和人居环境的相关理论出发，参考海洋与人居环境之间的关系、海岸带开发活动对人居环境的关系和人居环境评价指标体系的资料分析，采用专家咨询法筛选指标，通过熵值法获取指标权重。具体流程如图 3-1 所示。

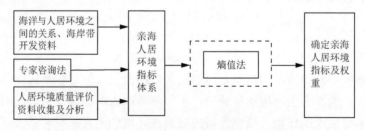

图 3-1　亲海人居环境指标体系筛选流程图

3.2　城市亲海人居环境评价指标体系

1976 年，《温哥华人类住区宣言》提出"以持续发展的方式提供住房、基础设施和服务"的目标；1992 年，《21 世纪议程》对"促进人类住区的可持续发展"进行重点讨论；1996 年，第二届联合国人类住区会议再次强调"sustainable human settlements in an urbanizing world"的主题。人居环境的可持续发展成为全球发展的重要问题。目前，城市人居环境质量评价指标体系很多，大多均突出"sustainable human settlements"的主题。宋序彤（1998）发表论文《建立居住区环境质量评价指标体系》，从自然环境和社会环境两方面构建居住区环境质量指标体系，分别从环境基本要素、环境设施功能指标、环境管理服务指标选取 14 个指标构建指标体系；刘耀林（1999）在宋序彤研究的基础上，加入经济因素，选取 23 个指标构建城市人居环境质量评价指标体系；刘颂和刘滨谊（1999）采用层次分析法从可持续发展的角度出发，从聚居条件、聚居建设、可持续性三个方面选取 29 个指标构建指标体系；冯兵（1991）从方便人们居住生活角度出发，以居住小区为研究实体，从室内环境、居民出行、公共设施、市政设施、户外环境五个方面选取 21 个指标构建评价指标体系；陈浮等（2000）从公众视角出发，从建筑质量、环境安全、景观规划、公共服务、社会文化环境等方面选取 25 个指标，构建了具有"人文关怀"的城市可持续发展的人居环境指标体系。

亲海人居环境评价指标体系必须突出"海"的特点。参照刘塨（2002）从气候影响、区位影响、结构影响三个方面研究滨海地带对人居环境的影响，本书从亲海对人居环境影响的宏观角度出发，以人居环境为主题、"亲海"活动影响为特色，从自然景观、社会经济、居住设施及空间安全四个方面选取 36 个指标，如表 3-1 所示。

表 3-1　亲海人居环境评价指标体系

一级指标	指标方面	二级指标
亲海自然景观环境	气候环境	滨海空气质量
		年平均气温
		气温年较差
		年平均相对湿度
		平均风速
		雾天年日数
		台风年次数
	地质地貌	沙滩
		河口水域
		海湾
	水文环境	近海水质环境
	自然岸线	自然岸线保有率
		砂质岸线长度
		基岩岸线长度

一级指标	指标方面	二级指标
亲海社会经济环境	经济环境	沿海地区生产总值
		海洋地区生产总值所占比例
		全社会固定资产投资
		在职职工平均工资
		城市化率
		沿海接待入境旅游者人数
		人口密度
	社会环境	就业率
亲海居住设施环境	居住设施	人均居住面积
	绿化情况	人均公共绿地面积
	交通设施	人均道路面积
	医疗设施	每万人医生数
	教育设施	普通高等学校在校学生数
亲海空间安全环境	亲海空间	人均亲海海域面积
		人均海岸线长度
		人均亲海陆域面积
		填海造地工程用海
	居住安全	台风受灾面积
		赤潮
		风暴潮
		工业废水直接排入海
		生态系统

3.3　评价模型构建

亲海人居环境是一个复杂的系统，各指标因子属于一个子系统，每一个子系统下又包括具有多属性特征的若干因子；亲海人居环境各个子系统、因子与亲海人居环境系统之间相互影响、相互制约，难以在数量上进行准确的量化和精准的评估，故存在模糊性的特点。因此，本书选取多层次模糊综合评判的方法来构建评价模型。

模糊综合评价在地理学中常常被用于资源与环境条件评价、生态评价、区域可持续发展评价等方面。模糊综合评判方法是一种运用模糊变换原理分析和评价模糊系统的方法，是以模糊推理为主的定性与定量相结合、精确与非精确相统一的分析评判方法。亲海人居环境的评价因素很多，且各因素之间存在层次性，故需要采用多层次模糊综合评判方法。多层次模糊综合评判需要将评判因子集合按照某种属性分成几类，先对每一类进行综合评判，然后再对各类评判结果进行类之间的高层次综合评判（刘贤赵等，2009）。详细步骤如下。

（1）对于评判因素集合 U，按某个属性 c，将其划分成 m 个子集，使它们满足：

$$\begin{cases} \sum_{i=1}^{m} U_i = U \\ U_i \bigcap U_j = \varnothing, \ i \neq j \end{cases} \tag{3-1}$$

这样，就得到了第二级评判因素集合：

$$\frac{U}{c} = \{U_1, U_2, \cdots, U_m\} \tag{3-2}$$

式中，$U_i = u_{ik}(i=1,2,\cdots,m; k=1,2,\cdots,n_k)$，表示子集 U_i 中含有 n_k 个评判因素。

（2）对于每一个子集 U_i 中的 n_k 个评判因素，按照单层次模糊综合评判模型进行评判。如果 U_i 中诸因素的权数分配为 A_i，其评判决策矩阵为 $\boldsymbol{R}_i$，则得到第 i 个子集 U_i 的综合评判结果：

$$\boldsymbol{B}_i = A_i \cdot \boldsymbol{R}_i = [b_{i1}, b_{i2}, \cdots, b_{in}] \tag{3-3}$$

（3）对 $\frac{U}{c}$ 中的 m 个评判因素子集 $U_i(i=1,2,\cdots,m)$ 进行综合评判，其评判决策矩阵为

$$\boldsymbol{R} = \begin{bmatrix} b_{11} & b_{12} & \cdots & b_{1n} \\ b_{21} & b_{22} & \cdots & b_{2n} \\ \vdots & \vdots & & \vdots \\ b_{m1} & b_{m2} & \cdots & b_{mn} \end{bmatrix} \tag{3-4}$$

（4）如果 $\frac{U}{c}$ 中的各评判因素子集的权数分配为 $\tilde{A}$，则可得综合评判结果：

$$\tilde{\boldsymbol{B}} = \tilde{A} \cdot \boldsymbol{R} \tag{3-5}$$

式中，$\tilde{\boldsymbol{B}}$ 既是对 $\frac{U}{c}$ 的综合评判结果，也是对 U 中的所有评判因素的综合评判结果。

第4章　亲海人居环境质量评价实证研究

4.1　研究区的确定

4.1.1　中国沿海亲海居住区的形态

为了便于研究，本书参考 2012 年高精 SPOT-5 卫星影像，采用光谱特征解译和监督分类方法，提取中国沿海城市房屋建筑矢量图。虽然房屋建筑矢量图不能完全准确地反映中国沿海城市人口聚集形态，但是从空间上可以看出城市居住区的范围（表 4-1、图 4-1）。

（1）由图 4-1 可知，中国沿海亲海居住空间沿海岸线集中分布，具有条带性。以长江入海口为界，北方亲海居住区聚集情况比南方密集。北方的辽宁省、山东半岛、江苏省和上海市较密集，而南方主要分布于珠江三角洲、浙江省等地区。上海市聚集度最高，且居住区面积最大。

（2）对比分析中国沿海城市的房屋聚居图，可以看出中国沿海城市的房屋聚集形态，各城市中亲海居住区较密集、形成片状区域的地区与城市的市县城区基本一致。因为城市是中国人口密集区，自然居住房屋较密集。

（3）按照居住区距海岸线的位置关系可将其分为近岸性和离岸性居住区。从中国沿海城市房屋聚集的形态来看，中国房屋聚集区存在近岸、离岸两种形态。中国沿海 54 个城市中，55.56%的城市属于近岸型，44.44%的城市属于离岸型，具体情况见表 4-1。

表 4-1　中国沿海城市房屋聚集形态

城市房屋聚集区类型	沿海城市数量	城市
近岸型	30	丹东、大连、营口、葫芦岛、秦皇岛、天津、烟台、威海、青岛、日照、上海、舟山、宁德、泉州、厦门、汕头、深圳、东莞、广州、珠海、香港、澳门、阳江、湛江、北海、钦州、防城港、海口、三亚、三沙
离岸型	24	盘锦、唐山、沧州、滨州、东营、潍坊、嘉兴、连云港、盐城、福州、漳州、潮州、惠州、揭阳、中山、江门、茂名、汕尾、莆田、温州、台州、宁波、南通、锦州

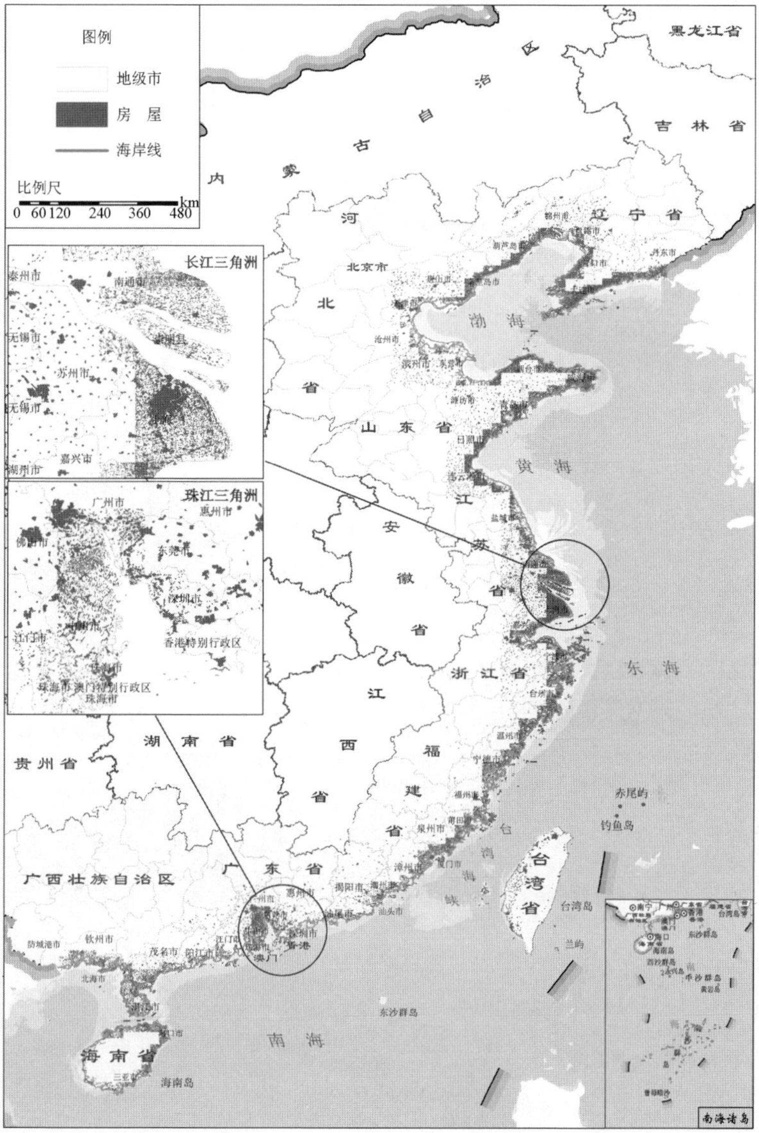

图 4-1　中国沿海城市房屋分布图

4.1.2　研究区确定

根据中国沿海亲海居住区的分布情况来看，中国亲海居住区主要位于城市的市县建成区。为了方便研究，本书只选取城市的市建成区即市辖区作为研究区，根据《2013 年中国海洋统计年鉴》，中国有 8 个沿海省、1 个沿海自治区和 2 个沿海直辖市，合计 54 个沿海城市和 242 个沿海县（不包括台湾省）。因杭州市、绍兴市、舟山市和三沙市无法确认海岸线，从可操作性角度出发，本书将研究区域确定为除上述 4 个城市以外的 50 个沿海城市，具体如图 4-2 所示。

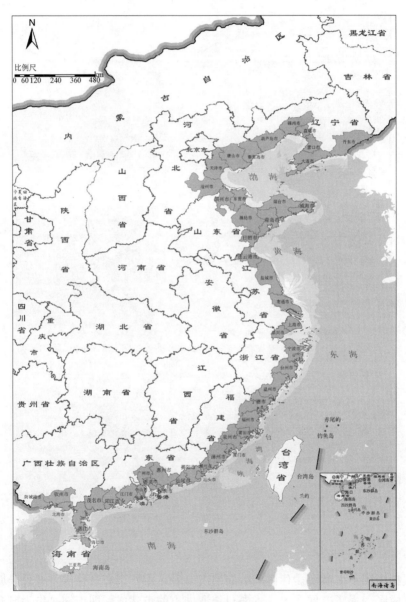

图 4-2　研究区分布图

4.2 研究区概况

4.2.1 中国沿海城市气候特征

中国地处亚欧大陆的东部地区这个特殊的地理位置，由于海陆热力性质差异，中国气候具有明显的季风性特征。冬季严寒的亚欧大陆形成冷高压，而南部的印度洋和东部的太平洋则形成相对的低气压。大气环流导致中国沿海城市南部地区冬季盛行北风，而东部及东北地区盛行西北风，冬季干燥寒冷；夏季则相反，大陆热于海洋，海陆高低气压发生轮换，夏季多南风和东南风，气候温暖湿润。

因中国沿海城市南北跨越 38 个纬度，分别跨越了热带、亚热带和温带 3 个气候带，导致季风性气候出现了热带、亚热带和温带的差异。主要表现如下：热带季风气候春季温暖少雨多旱；夏季高温多雨；秋季多台风暴雨；冬季不冷但寒气流侵袭，时有阵寒。亚热带季风气候受太平洋和印度洋共同作用的南部地区，夏季炎热，冬季低温多雨；而只受太平洋影响的北部区域，夏季多雨，冬季寒冷干燥。中国沿海城市亚热带和温带季风性气候的分界线为 1 月份零摄氏度等温线，大致以秦岭—淮河为界。按照上述情况，将研究区的沿海城市划分为热带季风气候区、亚热带季风气候区和温带季风气候区。如图 4-3 所示，中国沿海地区辽宁、河北、天津和山东四省市的沿海城市为温带季风气候区，包括丹东、大连、营口、盘锦、葫芦岛连云港等 18 个城市；江苏、上海、浙江、福建、广东和广西六省（区）市的沿海城市为亚热带季风气候区，从北到南依次为盐城、南通、上海等 30 个城市；海南省的海口和三亚为热带季风气候区。

近年来，由海洋生态环境的恶化、气候多变导致的风暴潮等海洋灾害性天气在沿海地区的发生频率和强度不断增加。风暴潮灾害性天气直接破坏海岸带地区环境，并造成人员伤亡和财产损失（具体损害情况详见后面 4.2.4 小节）。

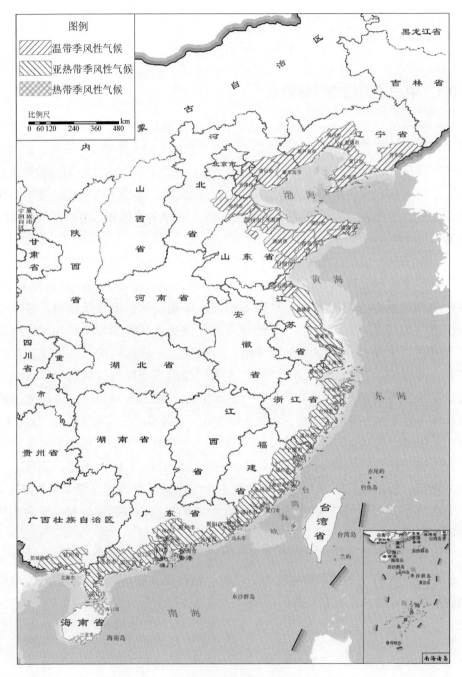

图4-3　中国沿海城市季风气候区分布图

4.2.2 城市化与亲海人居环境

中国沿海城市人居环境伴随着城市化的发展而不断改善。中国城市化的发展得益于 1984 年邓小平同志对外开放战略的制定。这些对外开放沿海城市依托便捷的交通、良好的基础环境、较高的技术和管理水平，开展对外经济技术合作，积极吸引外资，加快了自身城市的经济发展，尤其是改革开放以来，沿海对外开放城市经济发展飞跃，沿海地区经济快速发展离不开海洋产业的大力投入。

根据《中国海洋经济统计公报》数据显示，"九五"期间，中国沿海地区主要海洋产业总产值累计达到 1.7 万亿元，比"八五"时期翻了 1.5 倍，年均增长 16.2%，高于同期国民经济增长速度。依据《中国城市统计年鉴》与《中国海洋统计年鉴》统计结果，1990 年中国沿海城市（研究区内）国内生产总值达到 2442 亿元，2001 年达到 18 254 亿元，到 2012 年达到了 116 660 亿元，其中海洋生产总值占 42.9%，而在沿海 11 个省（区、市）中，海洋生产总值占 15.84%，全国涉海就业人员达 3350 万人，其中新增就业 80 万人（图 4-4）。

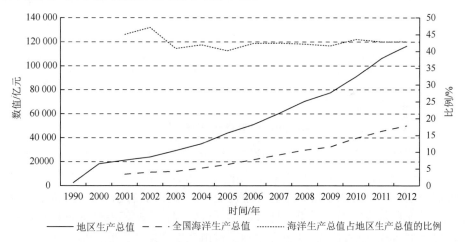

图 4-4 1990～2012 年沿海 50 个城市的生产总值与海洋生产总值变化图

随着海洋经济的不断发展，沿海城市已成为人口迁入的主要城市。据国家统计局资料统计，1999 年年底，中国居住人口总数达到 12.59 亿人（不包括香港特别行政区、澳门特别行政区和台湾省），约占世界总人口的 22%，有 40% 的人口居住在东部沿海城市。东部沿海地区人口密度高达每平方千米 400 人，而中国平均人口密度为每平方千米 143 人，约是世界人口密度的 3.3 倍。

随着沿海区域经济的快速发展，人口向沿海城市移动的趋势越来越强，导致沿海城市人口密度越来越大。2001 年，中国沿海地区拥有全国 40.2%的人口，2009年提升到 41.8%，年均增长率为 1.1%，比同期全国总人口的年均增长率高 0.5 个百分点。

　　根据《中国城市统计年鉴》分析结果，研究区的 50 个沿海城市，1990 年年末市辖区总人口为 0.54 亿人，2001 年为 0.66 亿人，到 2012 年年末高达 0.95 亿人。由图 4-5 可见，1990 年以来中国沿海城市人口不断增加，且增长速度以 2004 年为分界点，2004 年之后增长速度有所减缓。另外，中国沿海城市非农业人口与年末总人口的增长趋势相同，而中国沿海城市化率不断增长，1990 年中国沿海城市市辖区的城市化率为 60%，2007 年增长到 73%，2007 年之前增长速度较为迅速，2007 年之后处于缓慢增长阶段，基本维持在 77%左右。

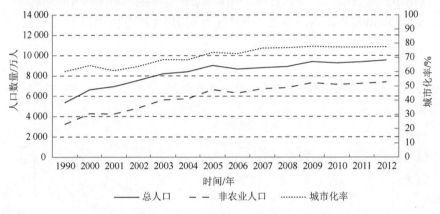

图 4-5　1990～2012 年沿海 50 个城市的人口变化图

　　城市化进程与人口增长、经济发展密切相关，海洋资源开发促进了沿海地区的人口和经济增长，进而推动了城市化进程的加速。沿海城市受陆地与海洋交替环境的影响，各类资源丰富、生态环境优美、对外贸易便捷、适宜人类居住等，吸引大量人口从内陆地区向沿海地区集结，这些因素导致沿海地区城市化进程增速，以及城市化水平较内陆城市高。中国城市化发展起步较晚，但是城市化发展的进程比较迅速，1978 年中国城市化率为 18%，到 2009 年城市化率达到 46.59%。根据中国统计年鉴数据分析，2001～2009 年沿海地区城镇人口年均增长率为3.9%，相比同期全国城镇人口的年均增长率高 0.6 个百分点，相对应的城市化率提高了 8.8 个百分点。根据分析结果，2005 年开始中国沿海地区城市化率超过 50%，已达到中等收入国家的平均水平，进入了城市化的中期——加速发展阶段（张同升等，2002）。

　　经济快速发展，导致沿海地区需要更多的劳动力和人才，加速城市化的进程，为人居环境设施配套、改善住房条件、提高居住水平提供了重要的保障。同时，快速城市化也会加剧沿海城市人居环境的压力，例如，人口过度集中于城市，在城市的住房条件、就业岗位、公共服务设施等方面提出更高的需求。

4.2.3　海洋资源开发利用现状

海洋是潜力巨大的资源宝库，也是支撑未来发展的战略空间，海岸空间资源是国家重要的国土资源和特殊的土地资源，是涉海活动及海洋经济的载体。中国是海洋大国，海岸空间资源丰富且可开发利用的潜力很大，主要包括港口资源、渔业资源、旅游资源、矿产资源、盐业资源、油气资源等。沿海城市是与海洋距离最近的人类居住区域，它具有得天独厚的地理优势和海洋资源优势，合理加快沿海城市海洋产业发展，对沿海城市社会经济发展和城市化进程的整体推进具有十分重要的意义。

1. 中国海洋资源情况

中国拥有 1.8 万 km 的海岸线，海岸资源丰富。按照国际法和《联合国海洋法公约》的有关规定，中国主张的管辖海域面积可达 300 万 km^2，约为陆地领土面积的三分之一，其中与领土有同等法律地位的领海面积为 38 万 km^2。

中国海域内海岛数量众多，其中 $500m^2$ 以上的岛屿 7372 个。中国拥有丰富的海洋资源，油气资源沉积盆地约 70 万 km^2，石油资源量估计为 240 亿 t，天然气资源量估计为 14 万亿 m^3，还有大量的天然气水合物资源，即最有希望在 21 世纪成为油气替代能源的"可燃冰"。中国管辖海域内有海洋渔场 280 万个，20m 以内浅海面积 16 万 km^2，海水可养殖面积 260 万 hm^2，已经养殖的面积 71 万 hm^2，浅海滩涂可养殖面积 242 万 hm^2，已经养殖的面积 55 万 hm^2。中国已经在国际海底区域获得 7.5 万 km^2 多金属结核矿区，多金属结核储量大于 5 亿 t。

2. 海洋资源使用现状

滨海旅游资源是以滨海自然风光为基础、以历史文化遗址为象征共同构成的资源，是海洋空间的一种人文利用形式，也是旅游业发展的重要物质基础。据天津市海洋局国家海洋博物馆筹建办公室初步调查，中国海滨旅游景点有 1500 多处，其中长江口以南的景点远多于北沿岸，占景点总数的 88%，占景点岸线总长度的 78.7%，对其旅游景点的类型分析表明，海岸型景点有 164 个，海岛型景点有 24 个，红树林生物海岸型景点有 3 个。

港口资源指符合一定规格船舶航行与停泊条件，并具有可供某类标准港口修建和使用的筑港与陆域条件，以及具备一定的港口腹地条件的海岸、海湾、河岸和岛屿等，是港口赖以建设与发展的天然资源。按所处的地理位置，港口资源可分为海岸、岛屿、河口和内河 4 大类。依据《2011 年中国海洋发展报告》统计，中国沿海已建成的海洋港口共计 150 多个，天然港口数量不多。

渔业资源是指具有开发利用价值的鱼、虾、蟹、贝、藻和海兽类等经济动植物的总体。渔业资源是渔业生产的自然源泉和基础，又称水产资源，按水域分内陆水域渔业资源和海洋渔业资源两大类。中国已记录的海洋鱼类有 1694 种，近海的虾蟹类有 600 多种，沿海分布常见的藻类 200 多种。中国主要渔场有石岛渔场、大沙渔场、吕四渔场、舟山渔场、闽东渔场、闽南-台湾渔场。

3. 海洋产业现状

海洋产业在国民经济中的作用日益突出，为了进一步提高海洋经济的水平和增加经济效益，提高沿海地区国民经济的综合竞争力，转变经济发展方式，国务院于 2012 年 9 月 16 日颁布了《全国海洋经济发展"十二五"规划》。据《2012 年中国海洋经济公报》统计，中国海洋产业总体保持稳步增长。2012 年滨海旅游业占海洋产业增加值的 33.9%，位居首位；其次是海洋交通运输业，占 23.3%；再次是海洋渔业，占 17.8%；其余产业所占比例均小于 10%，具体如图 4-6 所示。

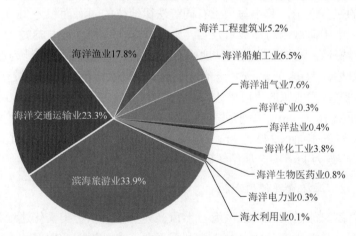

图 4-6　中国主要海洋产业增加值构成图

资料来源：《2012 年中国海洋经济公报》

4. 海洋生态环境现状

随着新型城镇化和高新经济发展的步伐加快，土地资源明显供应不足，人们将扩张土地资源的目光转至海岸带区域，促使沿海地区海洋经济发展压力增大，然而无序、粗放的过度开发利用，使得中国海洋生态环境面临巨大的威胁。同时，全球气候变化对海洋环境也产生巨大的影响，例如，海平面上升引起海洋灾害频发，海水增温引起海洋灾害加剧等。根据中国气象报社发布的统计数据，1990 年以来，中国海洋灾害和极端天气发生频率较高，造成了巨大的经济损失，年均损失约 150 亿元。

4.2.4　中国海洋环境灾害现状

开放度高和经济发达的城市因濒临海洋具有巨大的经济社会发展优势，成为世界发达的地区。中国沿海城市经济发达、人口众多、城市化率高。但任何事物都具有两面性，近海给沿海城市带来优势的同时，也伴随有海洋环境灾害。目前，影响中国海洋环境的灾害的主要类型有海平面上升、海岸侵蚀、赤潮、溢油等。

1. *海平面上升*

据联合国气候变化专业委员会（Intergovernmental Panel on Climate Change，IPCC）第四次评估报告数据显示，20 世纪全球绝对海平面每年上升速率平均值为 1.7 ± 0.7 mm。据《2011 年中国海洋发展报告》数据可知，中国海平面受全球海平面变化影响，30 多年来海平面上升的平均速率为 2.5 mm/a，高于全球海平面上升的平均速率（图 4-7）。

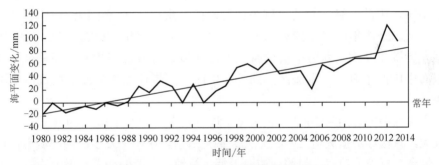

图 4-7　1980～2013 年中国沿海海平面变化

资料来源：《2013 年中国海平面公报》

2. *海岸侵蚀*

海岸侵蚀是海洋环境灾害的形式之一。近年来，随着海岸线资源的不断开发，中国侵蚀岸段逐年增加，2007 年中国受侵蚀的岸线长度为 3708km，且 53% 为砂质岸线。2013 年，中国沿海地区侵蚀岸线较为严重地区如表 4-2 所示，主要分布于辽宁的营口和葫芦岛、山东烟台、江苏连云港、上海崇明东滩以及海南海口市镇海村。

表 4-2 2013 年重点监测岸段海岸侵蚀情况

省（自治区、直辖市）	重点岸段	侵蚀海岸类型	监测海岸长度/km	侵蚀海岸长度/km	平均侵蚀速度/（m/a）
辽宁	绥中	砂质	112.0	28.1	1.8
	盖州	砂质	21.8	18.0	3.8
河北	滦河口至戴河口	砂质	99.7	0.3	9.1
山东	三山岛-刁龙嘴岸段	砂质	15.8	6.3	2.6
江苏	振东河闸至射阳河口	粉砂淤泥质	62.9	36.7	26.4
上海	崇明东滩	粉砂淤泥质	48.0	2.5	10.1
广东	雷州市赤坎村	砂质	0.8	0.4	2.0
海南	海口市镇海村	砂质	1.4	0.4	8.0

资料来源：《2013 年中国海洋灾害公报》

3. 赤潮和绿潮 "水华"

随着中国沿海经济的不断发展，沿海城市富营养化逐渐严重，成为最严重的海洋环境灾害。赤潮和绿潮是"水华"的主要变现形式。所谓的"水华"主要是由海水中碳、氮、磷的比例失调引起的。根据历年《中国海洋灾害公报》数据分析，2001 年以来中国近海赤潮发生的频率为每年 80 次左右，其中，2003年爆发赤潮 119 次，为历年来最高，2008 年以后赤潮爆发次数有所降低。赤潮已遍布中国四个海区，东海区为高频发生区，其累计发生的赤潮次数占全国的63.3%。

中国绿潮灾害则从 2008 年以来每年均有发生，2008 年和 2009 年绿潮影响面积较大，直接经济损失达 19.63 亿元。截至目前，中国多发生绿潮的城市包括三亚、烟台、青岛、琼海、日照、威海、烟台等地，主要的绿藻种类为浒苔。

4. 海上溢油

随着海洋石油产业的日益兴旺与海运石油产业的不断发展，中国溢油事故屡屡发生，对海洋环境及渔业、旅游业造成严重的影响和经济损失。1993～2009 年，中国发生船舶溢油事故共计 2821 起，平均四五天一起。

5. 风暴潮与海浪

风暴潮与海浪灾害一年四季均有发生，且发生区域广泛，中国沿海城市均有可能波及。其中，热带风暴多集中于 7～9 月，而温带风暴则发生在 11 月至次年的 4 月。受全球气候变暖的影响，中国风暴潮灾害逐渐向北偏移，威胁不断增大。根据历年《中国海洋灾害公报》数据统计分析，如表 4-3 所示，2001 年以来中国风暴潮发生频率逐年增长，造成的经济损失也不断攀升，2001～2013 年直接经济损失合计达 1600 亿元。

表 4-3　2001～2013 年中国近海风暴潮的损失情况

时间/年	发生次数	死亡/失踪人数	直接经济损失/亿元
2001	6	136	87
2002	8	30	63
2003	12	25	79
2004	19	49	52
2005	20	137	330
2006	28	327	217
2007	30	18	87
2008	25	56	192
2009	32	57	85
2010	28	5	66
2011	—	76	62
2012	—	9	126
2013	—	0	154
合计	—	925	1600

资料来源：《中国海洋灾害公报》（2002～2014 年）

4.3　数据来源及处理

4.3.1　数据来源

本书研究区范围广阔，数据量大，获取难度系数较大。数据主要以公开发表和出版的《中国城市统计年鉴》《中国海洋统计年鉴》《中国海域使用及管理公报》《中国海洋发展报告》和各城市环境状况公报为主，以国家海洋局发布的信息为补充，详细情况如表 4-4 所示。

表 4-4 数据来源明细

一级指标	二级指标	数据来源	数据获取情况
亲海自然景观环境	滨海空气质量	各城市环境状况公报	获取空气质量达到二级标准及以上的天数
	年平均气温	天气网	直接获取
	气温年较差	天气网	直接获取
	年平均相对湿度	天气网	直接获取
	平均风速	天气网	直接获取
	雾天年日数	天气网	直接获取
	台风年次数	天气网	整理统计
	沙滩面积	国家海洋局	整理统计
	河口水域	国家海洋局	岸线信息
	海湾	《海湾志》	直接获取
	近海水质环境	《中国海洋环境状况公报》	整理统计
	自然岸线保有率	国家海洋局	岸线信息
	砂质岸线长度	国家海洋局	岸线信息
	基岩岸线长度	国家海洋局	岸线信息
亲海社会经济环境	沿海地区生产总值	《中国城市统计年鉴》	直接获取
	海洋地区生产总值所占比例	《中国海洋统计年鉴》	整理统计
	全社会固定资产投资	《中国城市统计年鉴》	直接获取
	在职职工平均工资	《中国城市统计年鉴》	直接获取
	城市化率	《中国城市统计年鉴》	非农业人口数和年末总人口数（市辖区）
	沿海接待入境旅游者人数	《中国海洋统计年鉴》	直接获取
	就业率	《中国城市统计年鉴》	整理统计
亲海居住设施环境	人均居住面积	《中国城市统计年鉴》及各市国民经济和社会发展公报	直接获取
	人口密度	《中国城市统计年鉴》	直接获取
	人均公共绿地面积	《中国城市统计年鉴》	直接获取
	人均道路面积	《中国城市统计年鉴》	直接获取
	每万人医生数	《中国城市统计年鉴》	直接获取
	普通高等学校在校学生数	《中国城市统计年鉴》	直接获取
亲海空间安全环境	人均亲海海域面积	国家海洋局《中国城市统计年鉴》	海岸线、年末市辖区总人口、海岸线领海基线
	人均海岸线长度	同上	同上
	人均亲海陆域面积	同上	同上
	填海造地工程用海	国家海洋局	造地工程用海面积
	台风灾受灾面积	—	—
	赤潮	《中国海洋统计年鉴》	沿海省海洋灾害直接经济损失
	风暴潮灾害直接经济损失	《中国海洋灾害公报》	沿海省海洋灾害直接经济损失
	工业废水直接排入海	《中国海洋统计年鉴》	直接获取
	生态系统个数	《中国海洋统计年鉴》	直接获取

4.3.2 数据获取及处理

由于台风受灾面积数据经多方收集无法全面获取，将其舍去，最终确定选取 35 个指标。2013 年、2014 年部分指标的数据不全，故本书研究的时间跨度至 2012 年。如表 4-4 所示，评价指标中 19 个指标可从相关数据统计资料中直接获取，其余 16 个指标则需要进行处理后获得，详细获得方法如下：

（1）滨海空气质量：空气质量达到二级标准及以上的天数占全年天数的比例（注意平年与闰年的差别）。

（2）台风年次数：通过整理天气网台风发生次数获取。

（3）近海水质环境：近海海水质量对人居环境的影响较大，因研究区各城市的海域面积不同，难以准确定量评价。为了方便研究，本章对照全国近岸海域海水质量分布图将海岸线所处位置的海水质量加入海岸线属性。计算各市清洁和较清洁岸线之和占海岸线长度的比例，即清洁岸线比例。

（4）沙滩面积：从滨海湿地类型中获取沙滩的面积，并按照行政区划获取各市的沙滩面积。

（5）河口水域：统计岸线属性信息，获取各市河口岸线长度和海岸线总长度，用砂质岸线长度除以岸线总长度获取河口岸线占有率。

（6）自然岸线保有率：统计岸线属性信息，获取各市自然岸线长度和海岸线总长度，用自然岸线长度除以岸线总长度获取自然岸线保有率。

（7）砂质岸线长度：统计岸线属性信息，获取各市砂质岸线长度。

（8）基岩岸线长度：统计岸线属性信息，获取各市基岩岸线长度。

（9）就业率：各市辖区就业人员数除以年末总人口即就业率。

（10）城市化率：各市辖区的非农业人口数除以年末总人口数即城市化率。

（11）人均海岸线长度：将获取的海岸线数据去除与研究无关信息达到脱密状态，并将海岸线数据切分到各市，获取各市的海岸线长度，除以年末总人口，获取人均海岸线长度。

（12）人均亲海海域面积：由领海基线向外缓冲 12n mile，合并该线和海岸线构建面数据，并用行政区划切分到各市，获取各市的亲海海域面积，除以年末总人口，获取人均亲海海域面积。

（13）人均亲海陆域面积：以海岸线向陆缓冲 20km 并将构建面数据，并用行政区划切分到各市，获取各市的亲海陆域面积，除以年末总人口，获取人均亲海陆域面积。

（14）填海造地工程用海：2012 年国家海洋局公布的海域使用分类体系中明确提出，填海造地由筑堤围割海域填成土地，并形成有效岸线，即海陆分界线。填海是中国东部地区缓解土地缺口的重要途径，但是其会彻底改变海域自然属性，直接影响海岸线的长度、曲折度、稳定性，改变局部地区海水动力环境，影响围填海工程周边海岸的沉积环境，加剧海岸线侵蚀，污染海洋环境，破坏海岸线周围的生态平衡等。填海造地工程用海对沿海城市社会经济发展有一定的积极作用，同时也伴随一些负面影响，由此可见，填海造地工程用海对人居环境的影响也具有两面性。

为了全面衡量填海造地工程用海对人居环境的影响和作用，本书从国家海洋局获取历年的填海造地工程用海数据，按照用海类型及项目用海名称，从人类居住环境角度出发，将指标分解为有利人居环境的填海造地工程用海，以及对人居环境有害的填海造地工程用海。例如，各类拆迁安居工程、公园、岸线整治及旅游娱乐设施用海等均为有利的用海项目；而各类工业用海、排污倾倒用海均为不利的填海造地工程。

根据不同海域使用类型对人居环境影响的不同，按照《海域使用权属用海类型分类（2008 分类体系）》和《海洋功能分类及海洋环境保护要求》，依据水质、海洋沉积物质量、海洋生物质量、生态环境等标准，分别将住宅、公寓、商城、拆迁安居等类的城镇建设填海工程的面积乘以 0.7；旅游娱乐用海工程的面积乘以 0.5；教育科研等特殊用海乘以 0.3；而渔业用海多为农业储备用海，将其面积乘以 0.1，分别作为填海造地工程用海对人居环境的积极与促进作用指数。

工业填海造地工程用海改变了海岸线周边的自然环境，破坏生态环境，还会产生工业"三废"，故将工业用海工程的面积乘以 0.7；码头、港口、路桥等交通运输用海虽然增加了交通的便利度，但其对环境的破坏作用远远大于其正面作用，故将交通运输用海的面积乘以 0.5；将其他工程用海乘以 0.3；将对居住环境不利的城镇建设填海工程用海面积乘以 0.1，分别作为填海造地工程用海对人居环境的消极及阻碍作用指数。

用对人居环境有利的填海造地工程用海的面积减去有害的填海造地工程用海的面积，研究区内的城市几乎均为负值，可见，填海造地工程用海对人居环境的负面及消极作用大于积极作用。故填海造地工程用海的面积越大，其对人居环境的负面影响越大，可见，填海造地工程用海为负指标，用对人居环境有害的填海造地工程用海的面积减去有利的填海造地工程用海的面积来表示。

（15）风暴潮和赤潮灾害直接经济损失：本书从《中国海洋灾害公报》获取各省风暴潮和赤潮海洋灾害直接经济损失的资料。因风暴潮、赤潮海洋灾害具有突发性、难以估计性和预料性，为了便于计算，本书求出各省岸线的海洋灾害每公里的直接经济损失均值，乘以各市的海岸线长度，获得各市的风暴潮、赤潮海洋灾害直接经济损失。

（16）年末总人口：本书大部分年末总人口直接从《中国城市统计年鉴》中获取，个别城市因行政区划调整，年末总人口与行政区划调整前相比，人口大量增加。因本书研究的范围是最新的行政确定的沿海 50 个市，为了和研究范围一致，特将行政区划调整前的年末总人口做以下处理：求出行政区划调整后的人口年均增加量，以调整行政规划人口变化较大的年份为准，减去年均增加值，获取调整前一年的人口值，依次用求得的前一年的人口值再减去年均增加值，获取调整前两年的人口值。依照此方法，依次获取 2001 年至行政区划调整年份的年末总人口值。例如，2002 年 10 月 16 日，海口市 2003 年年末总人口急增至 139.19 万人，较 2002 年增加了 75.31 万人。为了具有可对比性，采用平均增加法，计算出 2003～2012 年每年的平均增加量，由 2003 年往前依次减掉平均增加量，获取 2001～2002 年的年末总人口数。

2001 年以来，行政区划发生调整的城市具体情况如下。

温州市：2001 年开始温州市市辖三区范围重新调整，分别对瓯北、塘下、安阳、昆阳、龙港等 13 个重点镇区进行了扩大性调整，扩大瑞安县城并成立了 6 个街道。

泉州市：2001 年 4 月 12 日由国务院批准设立泉州市泉港区。泉港区辖惠安县的山腰镇、后龙镇、南埔镇、涂岭镇、埭港镇，区人民政府驻山腰镇。

茂名市：2001 年 1 月，以茂名市水东经济开发试验区为基础，从电白县划出羊角、坡心、七迳、沙院、小良五镇连同南海镇，经国务院批准设置茂港区。

珠海市：2001 年 4 月 4 日，国务院批准斗门撤县建区，成立珠海市斗门区；释出香洲区的三灶、小林、南水 3 个镇和原斗门县的平沙、红旗两个镇，成立珠海市金湾区。

南通市：2001 年经江苏省人民政府批准，将通州市的观音山镇、小海镇、竹行镇、通州市良种场划归南通市崇川区管辖；将通州市行政区域范围内的南通农场、东方红农场划入南通市崇川区行政区域。2009 年 1 月调整南通市港闸区部分行政区划，撤销港闸区幸福乡，以其原辖区域设立幸福街道办事处，街道办事处驻幸福居委会，管理 1 个居委会，8 个村委会，撤销港闸区陈桥乡，以其原辖区域设立陈桥街道办事处，街道办事处驻河口自然集镇，管理 1 个居委会、9 个村委会。

宁波市：2002 年 2 月，经浙江省人民政府批准江东区撤销东郊、福明乡建制，设立东郊、福明街道；对原百丈、东胜、白鹤、明楼、东柳街道管辖范围进行调整。行政区划调整后，江东区下辖 7 个街道，实行区管街道、街道管村体制。

海口市：2002 年 10 月 16 日，国务院《关于同意海南调整海口市行政区划的批复》撤销琼山市，将其并入海口市，同时调整海口市市辖区行政区划，撤销原有 3 个区，设立秀英、龙华、琼山、美兰 4 个区。

江门市：2002 年，撤销新会市设置新会区，并将新会区的杜阮、棠下、荷塘三镇划归蓬江区管辖。

盐城市：2003 年 12 月，经国务院批准，撤销盐都县，设立盐都区，盐城市城区更名为亭湖区，同时将原盐都县的伍佑镇、便仓镇、步凤镇划归亭湖区管辖。2007 年 1 月经省政府批准，亭湖区的张庄街道办事处归盐都区管辖。

因本书研究区为城市市辖区，城市市辖区与海岸线的距离直接影响评价指标的结果，近岸型的城市更容易接触到海洋，更易受台风等灾害的影响。为了更真实准确地评价各研究区的城市亲海人居环境，现将人居亲海海域面积、人居亲海陆域面积、人均海岸线长度、填海造地工程用海四个指标按照各市辖区距离海岸线的远近，增加权重系数进行处理。量取 50 个城市的行政区划位置点与管理岸线的距离，使用极差标准化方法进行运算，获取权重系数。

4.4　亲海人居环境模糊综合评判

模糊综合评判中重要的步骤是确定单因素评判矩阵 R 和确定权重分配 $\tilde{A}$，以下将详细介绍这两项关键性的工作。

4.4.1　隶属度矩阵构建

1. 评判对象建立

首先按照人居环境需求的不同，将亲海人居环境指标体系的层次结构建立二级评价模型，划分为四类评价模型，即亲海自然景观环境、亲海社会经济环境、亲海居住设施环境和亲海空间安全环境，然后将四个一级指标进行单因子划分，共划分为 35 个单因子。一级评价集合为 U_i，二级指标集合为 U_{ij}，具体如表 4-5 所示。

表 4-5　隶属度矩阵

目标	一级指标	二级指标
亲海人居环境 U	亲海自然景观环境 U_1	滨海空气质量 U_{11}
		年平均气温 U_{12}
		气温年较差 U_{13}
		年平均相对湿度 U_{14}
		平均风速 U_{15}
		雾天年日数 U_{16}
		台风年次数 U_{17}
		沙滩 U_{18}
		河口水域 U_{19}
		海湾 U_{110}
		近海水质环境 U_{111}
		自然岸线保有率 U_{112}
		砂质岸线长度 U_{113}
		基岩岸线长度 U_{114}
	亲海社会经济环境 U_2	沿海地区生产总值 U_{21}
		海洋地区生产总值所占比例 U_{22}
		全社会固定资产投资 U_{23}
		在职职工平均工资 U_{24}
		城市化率 U_{25}
		沿海接待入境旅游者人数 U_{26}
		就业率 U_{27}
	亲海居住设施环境 U_3	人均居住面积 U_{31}
		人口密度 U_{32}
		人均公共绿地面积 U_{33}
		人均道路面积 U_{34}
		每万人医生数 U_{35}
		普通高等学校在校学生数 U_{36}
	亲海空间安全环境 U_4	人均亲海海域面积 U_{41}
		人均海岸线长度 U_{42}
		人均亲海陆域面积 U_{43}
		填海造地工程用海 U_{44}
		赤潮 U_{45}
		风暴潮 U_{46}
		工业废水直接排入海 U_{47}
		生态系统 U_{48}

2. 隶属度矩阵

因为本书研究区域的空气质量、近岸水域环境等指标属于越大越优型，填海造地工程用海、人口密度、海洋灾害直接经济损失、工业废水直接排入海洋等指标属于越小越优型，采用以下公式进行归一化。

越大越优型指标：

$$a_{ijk} = \frac{U_{ijk} - U_{ijk\,\min}}{U_{ijk\,\max} - U_{ijk\,\min}} \tag{4-1}$$

越小越优型指标：

$$a_{ijk} = \frac{U_{ijk\,\max} - U_{ijk}}{U_{ijk\,\max} - U_{ijk\,\min}} \tag{4-2}$$

可见，a_{ijk} 对于指标 k 而言，为某区域某年份从属于亲海人居环境的隶属度。由此得到以下矩阵：

$$A_{ij} = \begin{bmatrix} a_{ij1}^1 & a_{ij1}^2 & \cdots & a_{ij1}^{50} \\ a_{ij2}^1 & a_{ij2}^2 & \cdots & a_{ij2}^{50} \\ a_{ij3}^1 & a_{ij3}^2 & \cdots & a_{ij3}^{50} \\ \vdots & \vdots & & \vdots \\ a_{ijm}^1 & a_{ijm}^2 & \cdots & a_{ijm}^{50} \end{bmatrix} \tag{4-3}$$

式中，i=1,2,3,4；j=1,2,3,4,5,6；m=1,2,3,4,5,6。

4.4.2 指标权重计算

指标权重的获得通常可采用层次分析法（analytic hierarchy process，AHP）、因子分析法以及熵值法来取得权重。因 AHP 方法具有主观性和不准确性，本书采用熵值法来获取二级指标的权重。

1. 熵值法求权重

为了使各项评价指标的数据具有可比性，将原始数据无量纲化并压缩在[0,1]区间之内。本节采用比例法对指标原始值进行标准化。设有 m 个定量评价指标且已取得 n 个参评对象的上述指标的数据，$X_i d_j$（i=1,2,3,$\cdots$,n；j=1,2,3,$\cdots$,m）为原始数据矩阵。在同一指标下，计算参评对象的取值占全部参评对象取值之和的比例作为其标准化值，计算公式如下：

$$P_{ij} = \frac{X_{ij}}{\sum\limits_{i=1}^{n} X_{ij}} \tag{4-4}$$

式中，P_{ij} 为第 i 个参评对象第 j 个评价指标的标准化值；X_{ij} 为第 i 个参评对象第 j 个评价指标的原始值；n 为评价参评对象的个数。这样，即可得 m 列 n 行的评价指标标准化决策矩阵 P_{ij}。

根据各项指标值的差异程度，利用信息熵计算出各评价指标的权重，为综合评判提供依据。参评指标的熵值 $H(x_j)$ 计算公式如下：

$$H(x_j) = -k \sum\limits_{i=1}^{n} P_{ij} \ln P_{ij}, \quad j=1,2,3,\cdots,m \tag{4-5}$$

式中，k 为调节系数，$k = 1/\ln n$；P_{ij} 为第 i 个参评对象的第 j 个评价标准化值。

将评价指标的熵值转化为权重值，计算指标的差异系数 h_j，第 j 项参评指标的差异系数定义为

$$h_j = 1 - x_j, \quad j=1,2,3,\cdots,m \tag{4-6}$$

则 j 项参评指标的权重系数定义为

$$d_j = \frac{h_j}{\sum\limits_{j=1}^{m} h_j}, \quad j=1,2,3,\cdots,m \tag{4-7}$$

某项指标的熵值越大，其权重值越小，反之亦然。

2. 亲海人居环境指标权重计算过程

本书选取了沿海 50 个城市 1990 年、2001～2012 年的所有数据，因 1990 年数据获取不全，故计算权重仅用 2001～2012 年的数据。在权重计算过程中，选取每年各指标的总和，求得亲海人居环境二级指标的权重。按照指标体系原则，一级指标的权重等于各二级指标的权重之和。将熵值法求得的二级指标权重按照指标体系进行归一化，获取各指标权重，计算结果如表 4-6 所示。

表 4-6　指标权重计算结果

一级指标	二级指标	权重/%
亲海自然景观环境 （37.04%）	滨海空气质量	7.21
	年平均气温	7.18
	气温年较差	7.13
	年平均相对湿度	7.17
	平均风速	7.19
	雾天年日数	7.18
	台风年次数	7.18
	沙滩面积	7.18
	河口水域	7.18
	海湾	7.18
	近海水质环境	7.00
	自然岸线保有率	7.07
	砂质岸线长度	7.06
	基岩岸线长度	7.12
亲海社会经济环境 （21.62%）	沿海地区生产总值	15.80
	海洋地区生产总值所占比例	13.34
	全社会固定资产投资	16.42
	在职职工平均工资	15.05
	城市化率	12.62
	沿海接待入境旅游者人数	14.40
	就业率	12.37
亲海居住设施环境 （17.28%）	人均居住面积	16.69
	人口密度	15.49
	人均公共绿地面积	16.70
	人均道路面积	16.49
	每万人医生数	16.16
	普通高等学校在校学生数	18.46

续表

一级指标	二级指标	权重/%
亲海空间安全环境（24.06%）	人均亲海海域面积	10.85
	人均海岸线长度	10.82
	人均亲海陆域面积	10.83
	填海造地工程用海	17.33
	台风灾受灾面积	11.18
	赤潮	12.83
	风暴潮	12.83
	工业废水直接排入海	13.33
	生态系统	7.21

4.5　亲海人居环境模糊综合评判结果

4.5.1　亲海人居环境的现状评价结果

将构建的隶属度矩阵和权重代入模糊综合评判模型,求得中国沿海 50 个城市 2001~2012 年的亲海人居环境指数,其中,2012 年中国沿海城市亲海人居环境评价结果如表 4-7 所示。

表 4-7　2012 年中国沿海城市亲海人居环境评价结果

城市	U_1	U_2	U_3	U_4	U
深圳	0.424	0.550	0.595	0.541	0.509
上海	0.424	0.638	0.503	0.525	0.508
烟台	0.636	0.251	0.429	0.572	0.502
威海	0.591	0.215	0.423	0.658	0.497
广州	0.410	0.532	0.593	0.532	0.497
青岛	0.586	0.352	0.480	0.474	0.490
宁德	0.591	0.186	0.324	0.720	0.488
汕尾	0.592	0.236	0.275	0.675	0.480
东营	0.494	0.254	0.494	0.645	0.479

城市	U_1	U_2	U_3	U_4	U
三亚	0.564	0.280	0.287	0.664	0.479
惠州	0.580	0.272	0.372	0.575	0.476
大连	0.523	0.357	0.393	0.537	0.468
漳州	0.542	0.224	0.355	0.638	0.464
潮州	0.464	0.278	0.306	0.731	0.461
揭阳	0.548	0.276	0.268	0.625	0.459
北海	0.529	0.164	0.372	0.666	0.456
日照	0.522	0.221	0.423	0.570	0.452
阳江	0.500	0.278	0.281	0.638	0.447
防城港	0.522	0.148	0.340	0.677	0.447
秦皇岛	0.504	0.234	0.358	0.613	0.447
湛江	0.510	0.284	0.345	0.567	0.446
海口	0.515	0.265	0.350	0.571	0.446
泉州	0.507	0.223	0.398	0.579	0.444
潍坊	0.505	0.227	0.406	0.560	0.441
天津	0.391	0.519	0.504	0.402	0.441
东莞	0.437	0.299	0.447	0.560	0.438
江门	0.458	0.321	0.308	0.574	0.431
珠海	0.376	0.295	0.477	0.602	0.430
宁波	0.519	0.261	0.381	0.458	0.425
滨州	0.424	0.225	0.367	0.644	0.424
沧州	0.436	0.216	0.322	0.662	0.423
盐城	0.399	0.184	0.404	0.673	0.419
福州	0.421	0.295	0.392	0.543	0.418
唐山	0.509	0.204	0.341	0.525	0.418
茂名	0.454	0.272	0.269	0.576	0.412
盘锦	0.400	0.245	0.305	0.647	0.409
嘉兴	0.440	0.190	0.351	0.599	0.409
连云港	0.414	0.209	0.387	0.592	0.408
厦门	0.404	0.282	0.405	0.522	0.406
温州	0.439	0.203	0.391	0.544	0.405

续表

城市	U_1	U_2	U_3	U_4	U
莆田	0.482	0.166	0.310	0.549	0.400
钦州	0.492	0.120	0.299	0.572	0.398
营口	0.384	0.231	0.344	0.595	0.395
葫芦岛	0.423	0.175	0.317	0.602	0.394
丹东	0.367	0.237	0.288	0.637	0.390
台州	0.445	0.133	0.370	0.521	0.383
锦州	0.360	0.228	0.318	0.599	0.382
汕头	0.414	0.264	0.232	0.545	0.382
南通	0.354	0.257	0.389	0.526	0.380
中山	0.372	0.228	0.283	0.569	0.373

由表 4-7 可见,中国亲海人居环境 U 的评价结果最好的城市为深圳市,亲海人居环境指数为 0.509;评价结果最差的城市为中山市,指数仅为 0.373。为了研究亲海人居环境的分布情况,本节采用 SPSS 软件中的系统聚类方法,运用组间连接中的平均欧几里得距离将亲海人居环境划分为 5 类。具体的划分标准如表 4-8 所示。

表 4-8　中国沿海城市亲海人居环境分类表

类别	值范围	城市数量	城市
I	0.470～0.600	11	深圳、上海、烟台、广州、威海、青岛、宁德、汕尾、三亚、东营、惠州
II	0.435～0.470	15	大连、漳州、潮州、揭阳、北海、日照、阳江、防城港、秦皇岛、湛江、海口、泉州、潍坊、天津、东莞
III	0.415～0.435	8	江门、珠海、宁波、滨州、沧州、盐城、唐山、福州
IV	0.385～0.415	11	茂名、盘锦、嘉兴、连云港、厦门、温州、莆田、钦州、营口、葫芦岛、丹东
V	0.370～0.385	5	台州、汕头、锦州、南通、中山

由表 4-8 可见,中国亲海人居环境指数主要集中于 0.435～0.6,在此区间的城市数量高达 26 个,占研究区城市数量的 52%。为了便于研究其分布情况,将评价结果落于城市行政区划的面上,但是,实际上并非沿海城市内部所有区域评价结果为均质性。由图 4-8 的空间分布情况来看,亲海人居环境 I 级区在空间上形成两大集中区:山东半岛和珠江三角洲,而广东南部和广西基本为 IV 级区。

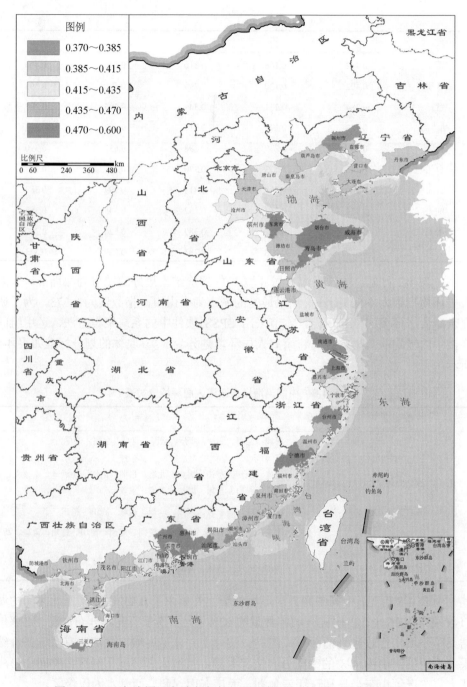

图4-8 2012年中国沿海城市亲海人居环境评价分布图（见书后彩图）

4.5.2　亲海自然景观环境的现状评价结果

由表 4-7 可见，中国亲海自然景观环境 U_1 的评价结果最好的城市为烟台市，亲海自然景观环境指数为 0.636；评价结果最差的城市为南通市，指数仅为 0.354。为了研究亲海自然景观环境的分布情况，采用 SPSS 软件中的系统聚类方法，运用组间连接中的平均欧几里得距离将亲海自然景观环境划分为 5 类。具体的划分标准如表 4-9 所示。

表 4-9　中国沿海城市亲海自然景观环境分类表

类别	值范围	城市数量	城市
Ⅰ	0.60～0.64	1	烟台
Ⅱ	0.53～0.60	8	漳州、揭阳、三亚、惠州、青岛、威海、宁德、汕尾
Ⅲ	0.48～0.53	15	莆田、钦州、东营、阳江、秦皇岛、潍坊、泉州、唐山、湛江、海口、宁波、防城港、日照、大连、北海
Ⅳ	0.38～0.48	21	潮州、江门、茂名、台州、嘉兴、温州、东莞、沧州、深圳、滨州、上海、葫芦岛、福州、汕头、连云港、广州、厦门、盘锦、盐城、天津、营口
Ⅴ	0.35～0.38	5	南通、锦州、丹东、中山、珠海

由表 4-9 可见，中国亲海自然景观环境指数主要集中于 0.38～0.53，在此区间的城市数量高达 36 个，占研究区城市数量的 72%。为了便于研究其分布情况，将评价结果落于城市行政区划的面上，但是，实际上并非沿海城市内部所有区域评价结果为均质性。从图 4-9 的空间分布情况来看，亲海自然景观环境Ⅰ级区只有烟台市；山东半岛亲海自然景观环境较好，主要为Ⅰ级区和Ⅱ级区；广东的东北部与福建的南部和北部城市属于Ⅱ级；广西形成了一个Ⅲ级聚集区，涵盖广西所有沿海城市及广东的湛江市；南通市和中山市最差，为Ⅴ级。

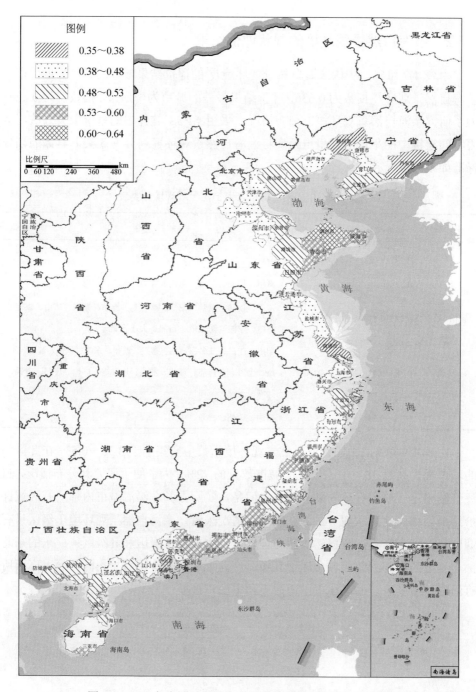

图 4-9　2012 年中国沿海城市亲海自然景观环境评价分布图

4.5.3 亲海社会经济环境的现状评价结果

由表 4-7 可见，中国亲海社会经济环境 U_2 的评价结果最好的城市为上海市，亲海社会经济环境指数为 0.638；评价结果最差的城市为钦州市，指数仅为 0.120。为了研究亲海社会经济环境的分布情况，采用 SPSS 软件中的系统聚类方法，运用组间连接中的平均欧几里得距离将亲海自然景观环境划分为 5 类。具体的划分标准如表 4-10 所示。

表 4-10 中国沿海城市亲海社会经济环境分类表

类别	值范围	城市数量	城市
I	0.60～0.64	1	上海
II	0.50～0.60	3	天津、广州、深圳
III	0.30～0.50	3	江门、青岛、大连
IV	0.20～0.30	34	温州、唐山、连云港、威海、沧州、日照、泉州、漳州、滨州、潍坊、中山、锦州、营口、秦皇岛、汕尾、丹东、盘锦、烟台、东营、南通、宁波、汕头、海口、惠州、茂名、揭阳、潮州、阳江、三亚、厦门、湛江、珠海、福州、东莞
V	0.10～0.20	9	钦州、台州、防城港、北海、莆田、葫芦岛、盐城、宁德、嘉兴

由表 4-10 可见，中国亲海社会经济环境指数主要集中于 0.2～0.3，在此区间的城市数量高达 34 个，占研究区城市数量的 68%。为了便于研究其分布图，将评价结果落于城市行政区划的面上，但是，实际上并非沿海城市内部所有区域评价结果为均质性。整体来看，除江门市，中国沿海城市亲海社会经济环境指数与经济发展水平基本一致。从图 4-10 的空间分布情况来看，亲海社会经济环境 I 级区为上海；II 级区为天津、广州、深圳，全部为中国沿海发展一线城市；广西形成了 V 级集中分布区；海南全部为 IV 级分布区。

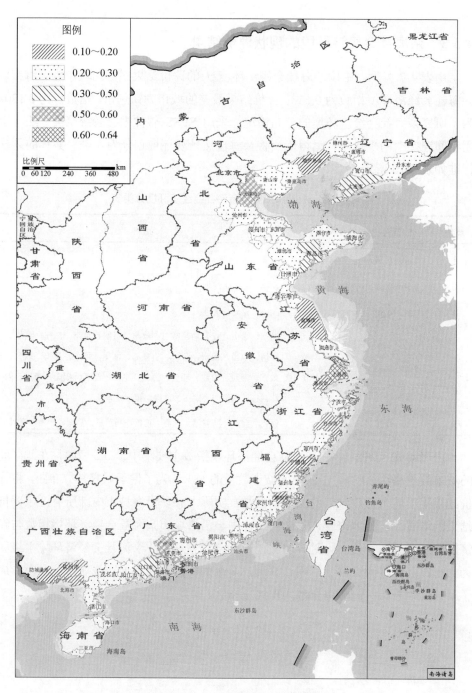

图 4-10 2012 年中国沿海城市亲海社会经济环境评价分布图

4.5.4　亲海居住设施环境的现状评价结果

由表 4-7 可见，中国亲海居住设施环境 U_3 的评价结果最好的城市为深圳市，亲海居住设施环境指数为 0.595；评价结果最差的城市为汕头市，指数仅为 0.232。为了研究亲海居住设施环境的分布情况，采用 SPSS 软件中的系统聚类方法，运用组间连接中的平均欧几里得距离将亲海居住设施环境划分为 5 类。具体的划分标准如表 4-11 所示。

表 4-11　中国沿海城市亲海居住设施环境分类表

类别	值范围	城市数量	城市
I	0.55～0.60	2	广东、深圳
II	0.45～0.55	5	珠海、青岛、东营、上海、天津
III	0.34～0.45	26	防城港、唐山、营口、湛江、海口、嘉兴、漳州、秦皇岛、滨州、台州、北海、惠州、宁波、连云港、南通、温州、福州、大连、泉州、盐城、厦门、潍坊、威海、日照、烟台、东莞
IV	0.25～0.34	16	揭阳、茂名、汕尾、阳江、中山、三亚、丹东、钦州、盘锦、潮州、江门、莆田、葫芦岛、锦州、沧州、宁德
V	0.20～0.25	1	汕头

由表 4-11 可见，中国亲海居住设施环境指数主要集中于 0.25～0.45，在此区间的城市数量高达 42 个，占研究区城市数量的 84%。为了便于研究其分布图，将评价结果落于城市行政区划的面上，但是，实际上并非沿海城市内部所有区域评价结果为均质性。从图 4-11 的空间分布情况来看，亲海居住设施环境 I 级区位于珠江三角洲城市圈中的广州和深圳；II 级区为上海、天津、山东的青岛和东营，零散分布；山东、江苏、浙江三省形成了 III 级集中分布区；广西和广东的南部基本上为 IV 级集中分布区。

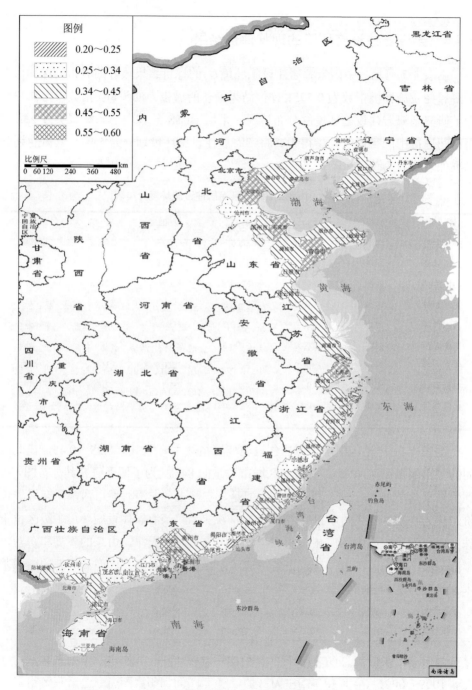

图 4-11　2012 年中国沿海城市亲海居住设施环境评价分布图

4.5.5　亲海空间安全环境的现状评价结果

由表 4-7 可见，中国亲海空间安全环境 U_4 的评价结果最好的城市为潮州市，亲海空间安全环境指数为 0.731；评价结果最差的城市为天津市，指数仅为 0.402。为了研究亲海空间安全环境的分布情况，采用 SPSS 软件中的系统聚类方法，运用组间连接中的平均欧几里得距离将亲海空间安全环境划分为 5 类。具体的划分标准如表 4-12 所示。

表 4-12　中国沿海城市亲海空间安全环境分类表

类别	值范围	城市数量	城市
I	0.70～0.73	2	宁德、潮州
II	0.63～0.70	13	丹东、阳江、漳州、滨州、东营、盘锦、威海、沧州、三亚、北海、盐城、汕尾、防城港
III	0.50～0.63	32	台州、厦门、唐山、上海、南通、广州、大连、深圳、福州、温州、汕头、莆田、东莞、潍坊、湛江、中山、日照、海口、钦州、烟台、江门、惠州、茂名、泉州、连云港、营口、嘉兴、锦州、珠海、葫芦岛、秦皇岛、揭阳
IV	0.41～0.50	2	宁波、青岛
V	0.40～0.41	1	天津

由表 4-12 可见，中国亲海空间安全环境指数主要集中于 0.5～0.63，在此区间的城市数量高达 32 个，占研究区城市数量的 64%。为了便于研究其分布图，将评价结果落于城市行政区划的面上，但是，实际上并非沿海城市内部所有区域评价结果为均质性。从图 4-12 的空间分布情况来看，亲海空间安全环境 I 级区为宁德和潮州；II 级区零散分布于各省，除宁波外南方城市空间安全环境均为 III 级区及以上，另外辽宁除丹东和盘锦外均为 III 级集中分布区。

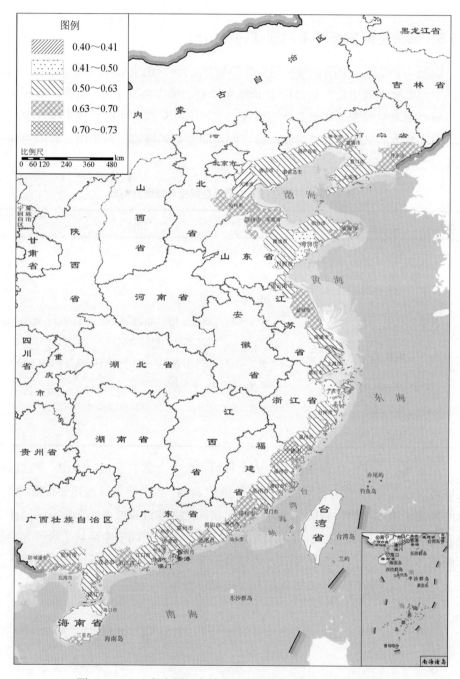

图 4-12 2012 年中国沿海城市亲海空间安全环境评价分布图

第 5 章　亲海人居环境的时空演变分析及驱动机制研究

海岸带开发对中国沿海城市亲海人居环境影响巨大，20 世纪 90 年代初为海岸带大规模开发的起点，故本章将 1990 年作为中国沿海城市亲海人居环境研究的起点。2002 年 1 月 1 日，中国海域使用管理法颁布实施，海岸带开发步入了有法可依的时期。城市亲海人居环境系统是个复杂的系统，各子系统均处于动态变化中。为了研究中国沿海城市亲海人居环境时空演变的特征，本章选取 1990~2001 年和 2001~2012 年两个相等的时间间隔来分析中国沿海城市亲海人居环境的时空演变差异。

5.1　研　究　方　法

常用的空间分布差异分析方法有标准差指数与变异系数、锡尔系数、空间自相关三种。考虑到海岸带开发及海区行政管理的特征，本章按照海区分解锡尔系数，研究中国沿海城市亲海人居环境的空间分布差异。根据中国海域行政管理范围具体划分如下：北海区包括辽宁、河北、山东和天津范围内的沿海城市，共计 17 个；东海区包括江苏、浙江、福建和上海范围内的沿海城市，共计 14 个；南海区包括广东、广西和海南范围内的沿海城市，共计 19 个。通过对空间自相关分析方法的研究，考虑空间自相关通常研究的对象是连续相邻片状区域，而本书的研究区在空间上具有条带性特征，各城市间不存在连续邻接区，所以本书在研究中国沿海城市亲海人居环境空间差异分布的时候没有采用该方法。

5.1.1　标准差指数与变异系数

为了研究中国沿海城市亲海人居环境分布的差异，采用标准差和变异系数分别表达其绝对差距和相对差距。一般采用标准差指数（S）和变异系数（CV）可以同时从相对和绝对意义上测度出区域间的差异（Soshichi，1968）。其计算公式如下：

标准差指数 S 公式为

$$S = \sqrt{\frac{1}{n}\sum_{i=1}^{n}(U_i - U_o)^2}$$ （5-1）

变异系数 CV 公式为

$$CV = \frac{S}{U_o} = \frac{1}{U_o}\sqrt{\frac{1}{n}\sum_{i=1}^{n}(U_i - U_o)^2}$$ （5-2）

式中，U_i 为第 i 个区域（城市）的亲海人居环境指数；n 为区域（城市）个数；U_o 为 n 个区域（城市）亲海人居环境指数。S 值越小，表示绝对差距越小，反之，越大；CV 值越小，表明相对差距越小，反之，越大。

5.1.2　锡尔系数

锡尔系数（Theil index）又称为锡尔熵。1967 年，锡尔（Theil）最早在研究国家之间的收入差距时首先提出锡尔系数。锡尔系数最初表示的是国家之间的收入差距总水平等于各个国家收入份额与人口份额之比的对数的加权总和，权数为各国的收入份额。如果将国家换成区域，则可用它来研究区域之间的差异（吴殿廷，2001）。并且，锡尔系数可以直接将区域间的总差异分解为组间差异和组内差异两部分（Schwarze，1996），从而为观察和揭示组间差异和组内差异各自的变动方向和变动幅度，以及各自在总差异中重要性及其影响提供方便。其基本公式表示为

$$I_{\text{theil}} = \sum_{i=1}^{n}\left\{\frac{U_i}{U}\log\frac{\dfrac{U_i}{U}}{\dfrac{C_i}{C}}\right\}$$ （5-3）

式中，U_i 为第 i 个城市的亲海人居环境指数；U 为研究区亲海人居环境综合指数；C_i 为第 i 个城市的海岸线长度；C 为研究区内的海岸线总长度；$\dfrac{C_i}{C}$ 为第 i 个城市的海岸线占有率。

运用锡尔指数分析中国沿海城市亲海人居环境的差异化程度，将研究区内的总体差异按照不同的类型进行区域划分。总体差异可二阶分解为各个区域间的差异（T_{BR}）和各个区域内部的差异（T_{WR}），且值等于两者之和。其基本计算公式如下：

$$T_{theil} = T_{BR} + T_{WR}$$

$$= \sum_{i=1}^{m} \left\{ \frac{U_i}{U} \log \frac{\dfrac{U_i}{U}}{\dfrac{C_i}{C}} \right\} + \sum_{i=1}^{m} \frac{U_i}{U} \left\{ \sum_{j} \frac{U_{ij}}{U} \log \frac{\dfrac{U_{ij}}{U}}{\dfrac{C_i}{C}} \right\} \tag{5-4}$$

式中，m 为划分的区域的个数；U_i 为第 i 区域的亲海人居环境指数值；C_i 为第 i 个区域的海岸线长度；U_{ij} 为第 i 个区域第 j 个城市的亲海人居环境指数值。

5.2　亲海人居环境时空演变特征

为了研究中国沿海城市亲海人居环境的变化趋势，用相同时间间隔的亲海人居环境指数的差值反映中国沿海城市亲海人居环境的年际变化趋势。如果差值为正值，表示为增长趋势，反之，则为减少趋势，其变化速度为差值除以时间间隔。用 2012 年与 1990 年的差值表示整个变化趋势，2001 年与 1990年的差值表示前 11 年的变化趋势，2012 年与 2001 年的差值表示后 11 年的变化趋势。

5.2.1　亲海人居环境整体时空演变特征

（1）1990～2012 年，中国沿海城市亲海人居环境指数呈增长趋势，增长范围和速度不断加大。

由 1990～2012 年的中国沿海城市亲海人居环境指数，计算相同时间间隔的变化趋势与速度（表 5-1）。分析整体变化趋势，结果表明：1990～2012 年中国沿海有 37 个城市亲海人居环境指数呈增长趋势，13 个城市亲海人居环境指数呈减少趋势。从空间分布（图 5-1）上来看，呈增长趋势的城市分布范围较大，且集中分布，呈减少趋势的城市主要分布于辽宁省和浙江省内，且零散分布。

表 5-1　1990～2012 年中国沿海城市亲海人居环境变化趋势

城市	1990～2012 年变化速度	1990～2001 年变化速度	2001～2012 年变化速度	前后 11 年的速度差	1990～2012 年变化总趋势	以 11 年为间隔的变化趋势
丹东市	−0.0002	−0.0019	0.0009	−0.0028	减少	先减后增
大连市	0.0013	0.0007	−0.0021	0.0028	增加	先增后减
营口市	−0.0005	−0.0014	0.0004	−0.0019	减少	先减后增

续表

城市	1990～2012年变化速度	1990～2001年变化速度	2001～2012年变化速度	前后11年的速度差	1990～2012年变化总趋势	以11年为间隔的变化趋势
盘锦市	−0.0002	−0.0037	0.0024	−0.0061	减少	先减后增
锦州市	−0.0006	−0.0021	0.0002	−0.0024	减少	先减后增
葫芦岛市	−0.0002	−0.0004	−0.0017	0.0013	减少	持续减少
秦皇岛市	0.0020	0.0004	0.0024	−0.0020	增加	持续增加
唐山市	0.0012	−0.0020	0.0047	−0.0067	增加	先减后增
沧州市	0.0003	−0.0005	0.0008	−0.0014	增加	先减后增
天津市	0.0020	−0.0013	0.0052	−0.0066	增加	先减后增
东营市	0.0028	0.0019	0.0015	0.0004	增加	持续增加
滨州市	0.0010	0.0015	0.0005	0.0010	增加	持续增加
烟台市	0.0013	−0.0014	0.0026	−0.0040	增加	先减后增
威海市	−0.0002	−0.0018	0.0014	−0.0032	减少	先减后增
潍坊市	0.0012	0.0002	0.0022	−0.0019	增加	持续增加
青岛市	0.0026	0.0006	0.0035	−0.0029	增加	持续增加
日照市	0.0023	0.0004	0.0029	−0.0025	增加	持续增加
连云港市	−0.0002	−0.0014	0.0020	−0.0034	减少	先减后增
盐城市	0.0015	−0.0019	0.0038	−0.0057	增加	先减后增
南通市	0.0007	−0.0034	0.0058	−0.0092	增加	先减后增
上海市	0.0050	0.0002	0.0107	−0.0105	增加	持续增加
嘉兴市	−0.0002	−0.0018	0.0025	−0.0043	减少	先减后增
宁波市	−0.0010	−0.0039	0.0043	−0.0082	减少	先减后增
台州市	−0.0006	−0.0034	0.0026	−0.0061	减少	先减后增
温州市	−0.0002	−0.0040	0.0033	−0.0073	减少	先减后增
厦门市	0.0009	−0.0023	0.0057	−0.0080	增加	先减后增
宁德市	0.0009	0.0001	0.0002	−0.0001	增加	持续增加
福州市	0.0015	0.0005	0.0022	−0.0017	增加	持续增加

续表

城市	1990~2012 年变化速度	1990~2001 年变化速度	2001~2012 年变化速度	前后 11 年的速度差	1990~2012 年变化总趋势	以 11 年为间隔的变化趋势
莆田市	−0.0014	0.0010	−0.0045	0.0055	减少	先增后减
泉州市	0.0015	0.0006	0.0020	−0.0014	增加	持续增加
漳州市	0.0006	−0.0005	−0.0005	0.0000	增加	持续减少
潮州市	0.0016	0.0028	0.0005	0.0023	增加	持续增加
广州市	0.0040	−0.0001	0.0089	−0.0090	增加	先减后增
深圳市	0.0045	0.0008	0.0070	−0.0062	增加	持续增加
揭阳市	0.0020	0.0007	0.0014	−0.0006	增加	持续增加
汕头市	0.0001	−0.0010	0.0009	−0.0019	增加	先减后增
惠州市	0.0002	−0.0007	0.0001	−0.0008	增加	先减后增
汕尾市	0.0014	0.0004	0.0022	−0.0018	增加	持续增加
东莞市	0.0024	0.0001	0.0041	−0.0040	增加	持续增加
珠海市	0.0010	0.0005	0.0015	−0.0010	增加	持续增加
江门市	0.0005	−0.0013	0.0001	−0.0014	增加	先减后增
中山市	0.0008	−0.0010	0.0029	−0.0039	增加	先减后增
阳江市	0.0003	0.0010	0.0010	0.0001	增加	持续增加
湛江市	0.0010	−0.0013	0.0014	−0.0027	增加	先减后增
茂名市	0.0012	0.0017	0.0009	0.0009	增加	持续增加
钦州市	0.0003	0.0016	−0.0016	0.0032	增加	先增后减
防城港市	0.0007	0.0018	−0.0025	0.0043	增加	先增后减
北海市	−0.0001	−0.0020	−0.0007	−0.0013	减少	持续减少
海口市	0.0009	−0.0002	0.0022	−0.0024	增加	先减后增
三亚市	0.0016	−0.0008	0.0042	−0.0050	增加	先减后增

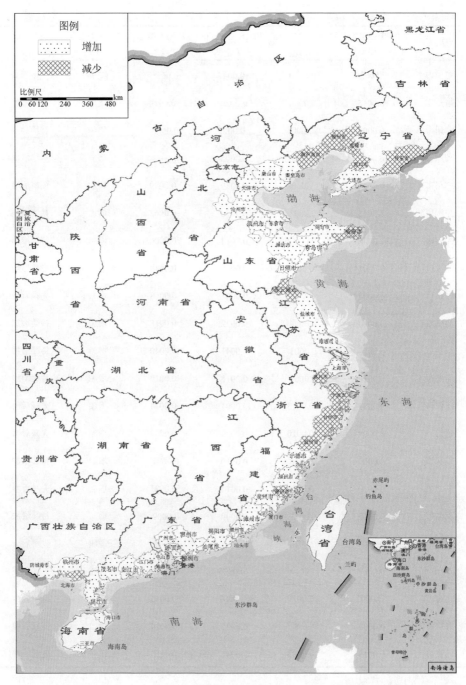

图 5-1 1990～2012 年中国沿海城市亲海人居环境变化趋势分布图

以 11 年为间隔来划分，1990～2001 年，研究区内有 28 个沿海城市亲海人居环境指数呈减少趋势，22 个沿海城市亲海人居环境指数呈增长趋势；2001～2012 年，研究区内除大连、葫芦岛、莆田、漳州、钦州、防城港和北海城市亲海人居环境质量呈下降趋势外，其余城市亲海人居环境指数均在不断提高。由表 5-1 可以看出，使用前 11 年的变化速度减去后 11 年的变化速度，计算结果中有 38 个城市为负值，表明研究区内 76%的沿海城市亲海人居环境质量在不断提高。从变化速度来看，前 10 年增加的最大速度值为 0.003，后 10 年增加的最大速度值为 0.01，可知中国沿海城市亲海人居环境优化提升的速度不断加大。从图 5-2 空间分布范围来看，呈增长趋势的城市分布范围逐渐扩大，除辽宁、广西和福建三省（区）外，中国沿海其他省份城市亲海人居环境呈不断优化趋势。

总体来看，1990～2001 年，研究区内亲海人居环境指数呈持续增加趋势的城市有 18 个，呈持续减少趋势的有 3 个，呈先减后增趋势的有 25 个，呈先增后减趋势的有 4 个。从图 5-3 空间范围来看，呈持续增加趋势的城市主要分布于山东、福建和广东三省，且出现连续片状分布；而先减后增趋势的城市呈现大规模分布。从变化速度来看，持续增加的城市，变化速度增加值有所加大；持续减小的城市，恶化速度在减慢；先减后增的城市，人居环境开始走向优化。以上的趋势变化，表明中国沿海城市亲海人居环境的变化趋势随着海洋开发利用的不断深入，经历了由恶化转为优化的变化过程。

（2）中国沿海城市亲海人居环境逐渐形成了山东半岛聚集区和珠江三角洲城市群集中分布区。

为了研究中国沿海城市亲海人居环境空间分布的特点，将 1990 年、2001 年和 2012 年的中国沿海城市亲海人居环境指数，按照自然断点间隔法将亲海人居环境划分为五类，具体划分标准如表 5-2 所示。该分类体系中的亲海人居环境值范围为标准化模糊综合评判的结果，其值无绝对的现实意义，仅是为了便于研究。

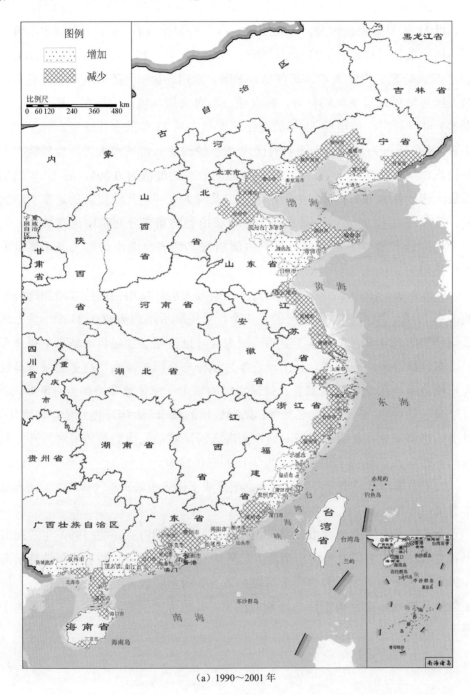

（a）1990～2001 年

图 5-2　1990～2001 年与 2001～2012 年中国沿海城市亲海人居环境变化趋势图

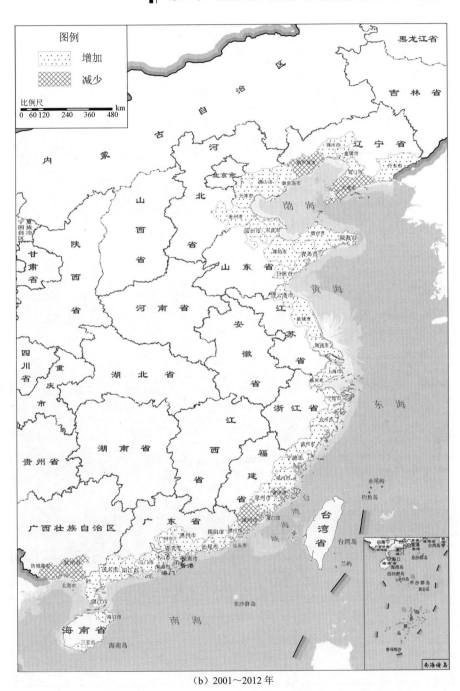

（b）2001～2012 年

图 5-2　1990～2001 年与 2001～2012 年中国沿海城市亲海人居环境变化趋势图（续）

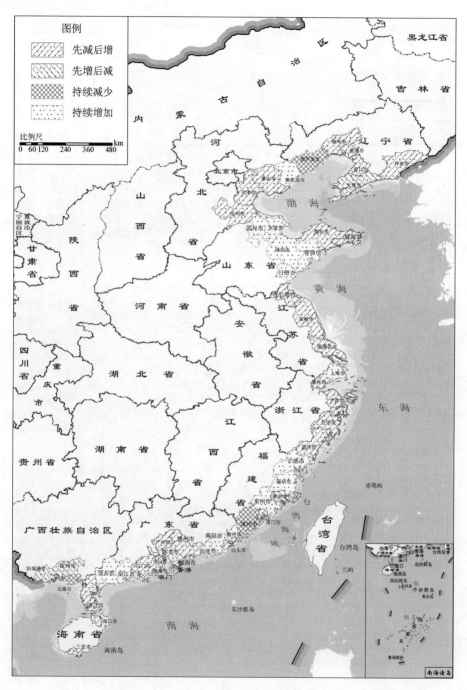

图 5-3　中国沿海城市亲海人居环境变化趋势分布图（11 年间隔）

表 5-2　中国沿海城市亲海人居环境分类表

类别	亲海人居环境值范围	区间内的城市个数		
		1990 年	2001 年	2012 年
Ⅰ	0.48～0.51	1	1	11
Ⅱ	0.44～0.48	8	9	12
Ⅲ	0.41～0.44	20	20	14
Ⅳ	0.38～0.41	19	14	12
Ⅴ	0.34～0.38	2	6	1

　　为了反映研究区内沿海城市亲海人居环境的空间分布形态，依据表 5-2 绘制出 1990 年、2001 年和 2012 年的亲海人居环境空间分布图。对比分析图 5-4～图 5-6 可知，1990 年中国沿海城市亲海人居环境Ⅰ类区域只有威海市一个；2001年没有发生变化；2012 年Ⅰ类区域范围扩大，逐渐演变为两个聚集区——山东半岛聚集区和珠江三角洲城市群，以及零散分布的长江入海口处的上海市、福建省与浙江省交界处的宁德市、最南端著名的旅游城市三亚市。从评价指标来分析，山东半岛四类因子均衡发展，而上海市以社会经济环境和居住设施环境优越发展，宁德市则是空间安全环境显著，三亚市则因自然景观环境而得胜。沿海城市亲海人居环境Ⅱ类区域，在 2001 年城市数量未发生大的变化，但大连市、东营市和防城港市由Ⅲ类区晋升为Ⅱ类区，2012 年Ⅱ类形成聚集区位于福建省与广东省的交界处。Ⅲ类区域，在 1990 年形成珠江三角洲聚集区，2001 年增加福建省与广东省的交界聚集区和以上海市为中心的聚集区，2012 年增加了环渤海东部和南部聚集区。Ⅳ类区域，在 1990 年形成了辽冀片区，2001 年逐渐瓦解，2012 年变为零散分布。Ⅴ类区域，城市数量较少，多为零散分布，2001 年时增加辽宁省片区，2012 年时也发生退化。

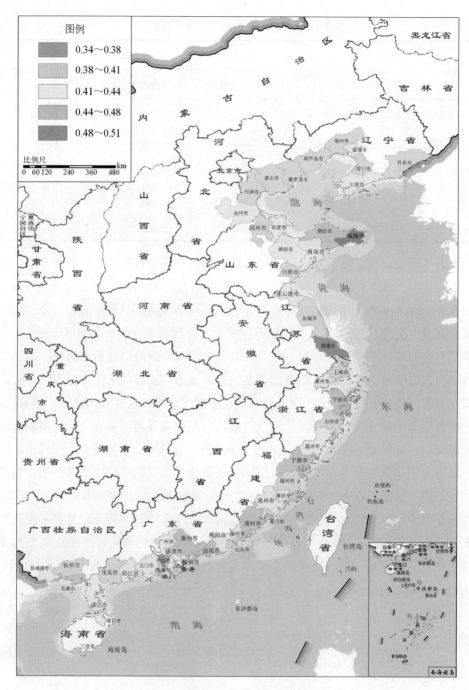

图 5-4　1990 年中国沿海城市亲海人居环境空间分布图（见书后彩图）

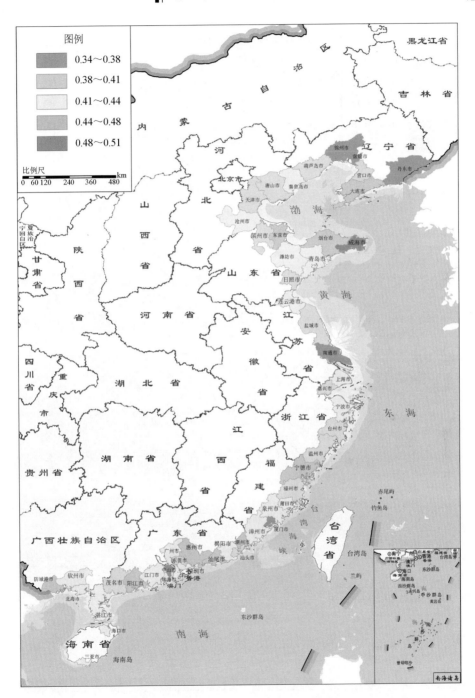

图 5-5 2001 年中国沿海城市亲海人居环境空间分布图（见书后彩图）

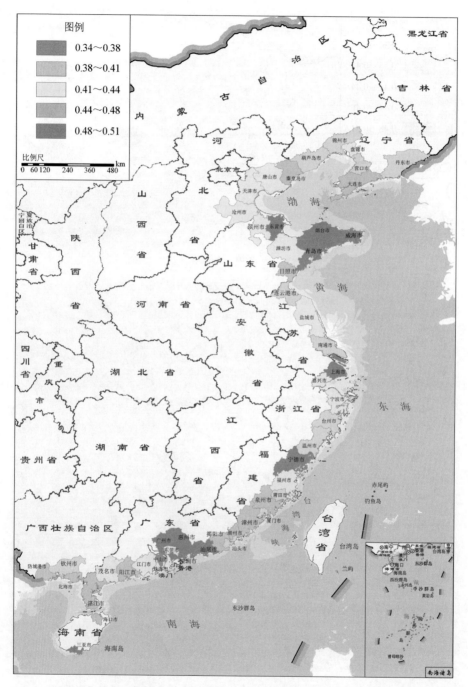

图 5-6　2012 年中国沿海城市亲海人居环境空间分布图（见书后彩图）

（3）中国沿海城市和海区亲海人居环境空间分布差异匀呈减小趋势，南海区内的沿海城市亲海人居环境差异较显著。

（a）南海区内沿海城市亲海人居环境最好。

通过分别计算三个海区内沿海城市亲海人居环境指数的平均值，分析其变化规律。如图 5-7 所示，中国沿海地区不同的海区范围，南海区内的沿海城市亲海人居环境较好，北海区与东海区基本相等，差异不明显。从时间演变来看，中国三个海区内的沿海城市亲海人居环境整体变化趋势一致，均处于增长趋势。各海区增长趋势的时间变化差异明显，1990～2001 年三个海区内的沿海城市亲海人居环境均呈下降趋势，且东海区下降幅度最大，其次是北海区，南海区下降速度较慢，此变化与中国海洋开发利用的基本形势一致；2001～2007 年亲海人居环境指数开始回升，东海区增加速度较快，其人居环境指数与北海区基本一致，南海区指数依然最高；2007～2012 年南海区亲海人居环境指数在 2009 年时出现了一个低谷期，而东海区与北海区持续缓慢增长中，但是其指数一致低于南海区。

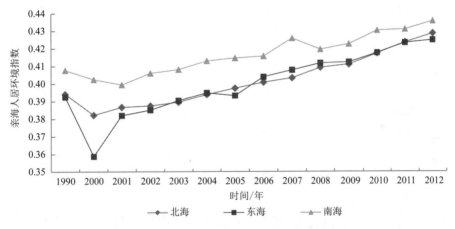

图 5-7　中国三大海区亲海人居环境的变化趋势图

（b）中国沿海城市亲海人居环境相对差距和绝对差距呈波动减小趋势，空间差异下降。

将计算得到的中国沿海城市亲海人居环境指数分别代入式（5-1）、式（5-2）和式（5-4）中，求得中国沿海城市亲海人居环境的标准差指数、变异系数和总锡尔系数（表 5-3）。

因 2000 年以前的数据无法准确获取，本章只研究 2000～2012 年中国沿海城市亲海人居环境的空间分布差异。由表 5-3 分析可知，2000～2012 年中国沿海城市亲海人居环境的标准差指数呈波动减小趋势，变异系数也呈下降趋势，表明中国沿海城市亲海人居环境相对差距和绝对差距整体微弱下降。从下降幅度来看，标准差系数并非逐年下降，但其变化幅度较小，其值在0.04～0.046波动；变异系数变化幅度较大，经历了上升期（2001～2002年）—下降期（2003～2005年）—再次上升期（2006～2008年）—再次下降期（2009～2012年）的复杂波动过程；总锡尔系数变化整体上呈下降趋势，表明中国沿海城市亲海人居环境的空间分布差异不断减小，从走向来看，经历了上升期（2000～2002年）—下降期（2003～2005年）—再次上升期（2006～2008年）—再次下降期（2009～2012年）复杂的波浪变化过程。综合来看，2000～2012年中国沿海城市亲海人居环境的空间分布差异处于不稳定的波动变化中。

表5-3　2000～2012年中国沿海城市亲海人居环境空间分布差异分析

时间/年	标准差指数	变异系数	总锡尔系数
2000	0.043	0.110	0.142
2001	0.042	0.106	0.142
2002	0.043	0.108	0.197
2003	0.044	0.111	0.141
2004	0.046	0.113	0.141
2005	0.048	0.120	0.137
2006	0.044	0.119	0.139
2007	0.044	0.106	0.140
2008	0.040	0.097	0.141
2009	0.040	0.095	0.137
2010	0.042	0.099	0.141
2011	0.044	0.104	0.133
2012	0.046	0.108	0.129

（c）海区空间分布差异基本呈下降趋势，海区内部差异基本不变，南海内部差异最大。

根据式（5-3）和式（5-4）计算各海区的亲海人居环境分解的锡尔系数（表5-4），按照其空间分解特性，中国沿海城市亲海人居环境差异由北海、东海和南海三个海区内部差异和三海区之间的海区差异两部分组成。根据图5-8分析可知，南海区亲海人居环境差异最大，贡献率在0.28～0.44；北海区略低于南海区，贡献率维持在0.2左右。2000年以来，除2000～2001年三个海区的沿海城市亲海人居环境差异变化幅度较大外，2002年以后东海区与北海区基本保持缓慢下降的状态。

从区际来看，2000 年以来中国东海、南海和北海区际差异较小，其锡尔系数在
0.017～0.032 波动，呈下降趋势。从总体差异来看，海区空间分布差异基本呈下
降状态，2000～2010 年基本稳定，2010 年后逐年下降。综合来看，南海区的差异
是中国海区沿海城市亲海人居环境整体差异的主要贡献者。

表 5-4　中国沿海城市亲海人居环境海区差异演化及分解

时间/年	总差异	锡尔系数分解				贡献率			
		北海	东海	南海	区际	北海	东海	南海	区际
2000	0.142	0.030	0.029	0.059	0.023	0.214	0.206	0.416	0.164
2001	0.142	0.036	0.033	0.040	0.032	0.255	0.236	0.280	0.229
2002	0.143	0.036	0.031	0.044	0.032	0.251	0.218	0.308	0.223
2003	0.141	0.035	0.032	0.046	0.027	0.248	0.230	0.329	0.192
2004	0.141	0.034	0.032	0.047	0.028	0.243	0.227	0.330	0.201
2005	0.137	0.035	0.030	0.045	0.028	0.253	0.217	0.329	0.201
2006	0.139	0.034	0.033	0.046	0.026	0.247	0.237	0.331	0.185
2007	0.140	0.033	0.031	0.051	0.025	0.236	0.222	0.364	0.178
2008	0.141	0.034	0.032	0.052	0.024	0.240	0.226	0.367	0.168
2009	0.137	0.032	0.030	0.053	0.023	0.232	0.217	0.385	0.166
2010	0.141	0.032	0.028	0.062	0.019	0.223	0.202	0.437	0.138
2011	0.133	0.030	0.028	0.058	0.018	0.222	0.213	0.431	0.134
2012	0.129	0.027	0.028	0.057	0.017	0.213	0.214	0.442	0.130

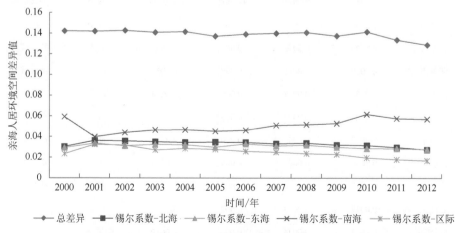

图 5-8　中国海区亲海人居环境空间差异的时间变化

5.2.2 亲海自然景观环境的时空演变

（1）1990～2012 年，中国沿海城市亲海自然景观环境指数整体上处于下降趋势，在 2001 年以后恶化速度有所减缓。

由 1990～2012 年中国沿海城市亲海自然景观环境指数，计算相同时间间隔的变化趋势与速度（表 5-5）。分析整体变化趋势，结果表明：1990～2012 年，中国除秦皇岛市以外的沿海城市亲海自然景观环境指数变化速度值均为负值，表明中国沿海城市亲海自然景观环境处于不断恶化趋势，原因是空气质量逐渐恶化，近岸海水质量不断下降，自然岸线保有率逐渐减少。

表 5-5　1990～2012 年中国沿海城市亲海自然景观环境变化趋势

城市	1990～2012 年变化速度	1990～2001 年变化速度	2001～2012 年变化速度	前后 11 年的速度差	1990～2012 年变化总趋势	按 11 年为间隔变化趋势
丹东市	-0.0040	-0.0051	-0.0034	-0.0017	减少	持续减少
大连市	-0.0052	-0.0021	-0.0103	0.0081	减少	持续减少
营口市	-0.0045	-0.0042	-0.0034	-0.0009	减少	持续减少
盘锦市	-0.0049	-0.0110	0.0013	-0.0123	减少	先减后增
锦州市	-0.0045	-0.0059	-0.0047	-0.0013	减少	持续减少
葫芦岛市	-0.0041	-0.0023	-0.0091	0.0068	减少	持续减少
秦皇岛市	0.0014	-0.0014	0.0008	-0.0022	增加	先减后增
唐山市	-0.0011	-0.0075	0.0062	-0.0137	减少	先减后增
沧州市	-0.0037	-0.0043	-0.0035	-0.0008	减少	持续减少
天津市	-0.0047	-0.0073	-0.0007	-0.0066	减少	持续减少
东营市	-0.0020	-0.0016	-0.0073	0.0057	减少	持续减少
滨州市	-0.0051	-0.0018	-0.0092	0.0074	减少	持续减少
烟台市	-0.0024	-0.0032	-0.0034	0.0002	减少	持续减少
威海市	-0.0027	-0.0042	-0.0006	-0.0036	减少	持续减少
潍坊市	-0.0036	-0.0028	-0.0042	0.0014	减少	持续减少
青岛市	-0.0017	-0.0034	-0.0035	0.0001	减少	持续减少
日照市	-0.0019	-0.0042	-0.0020	-0.0022	减少	持续减少
连云港市	-0.0043	-0.0024	-0.0042	0.0019	减少	持续减少

续表

城市	1990～2012 年 变化速度	1990～2001 年 变化速度	2001～2012 年 变化速度	前后 11 年的 速度差	1990～2012 年 变化总趋势	按 11 年为间隔 变化趋势
盐城市	-0.0035	-0.0031	-0.0067	0.0036	减少	持续减少
南通市	-0.0033	-0.0025	-0.0036	0.0011	减少	持续减少
上海市	-0.0035	-0.0104	0.0037	-0.0141	减少	先减后增
嘉兴市	-0.0060	-0.0079	-0.0020	-0.0058	减少	持续减少
宁波市	-0.0055	-0.0071	-0.0028	-0.0043	减少	持续减少
台州市	-0.0047	-0.0091	-0.0001	-0.0090	减少	持续减少
温州市	-0.0043	-0.0087	-0.0013	-0.0074	减少	持续减少
厦门市	-0.0027	-0.0060	0.0037	-0.0097	减少	先减后增
宁德市	-0.0011	-0.0038	-0.0030	-0.0008	减少	持续减少
福州市	-0.0017	-0.0018	-0.0029	0.0011	减少	持续减少
莆田市	-0.0024	-0.0008	-0.0043	0.0036	减少	持续减少
泉州市	-0.0018	-0.0005	-0.0034	0.0028	减少	持续减少
漳州市	-0.0016	-0.0016	-0.0036	0.0020	减少	持续减少
潮州市	-0.0028	-0.0009	-0.0034	0.0025	减少	持续减少
广州市	-0.0055	-0.0096	0.0020	-0.0116	减少	先减后增
深圳市	-0.0023	-0.0036	-0.0010	-0.0027	减少	持续减少
揭阳市	-0.0006	-0.0010	-0.0053	0.0043	减少	持续减少
汕头市	-0.0033	-0.0047	-0.0031	-0.0016	减少	持续减少
惠州市	-0.0015	-0.0034	-0.0005	-0.0029	减少	持续减少
汕尾市	-0.0004	-0.0003	-0.0008	0.0005	减少	持续减少
东莞市	-0.0038	-0.0058	-0.0021	-0.0037	减少	持续减少
珠海市	-0.0037	-0.0049	-0.0026	-0.0022	减少	持续减少
江门市	-0.0034	-0.0045	-0.0054	0.0009	减少	持续减少
中山市	-0.0026	-0.0064	0.0014	-0.0078	减少	先减后增
阳江市	-0.0041	-0.0007	-0.0030	0.0023	减少	持续减少
湛江市	-0.0019	-0.0042	-0.0036	-0.0006	减少	持续减少
茂名市	-0.0032	-0.0007	-0.0057	0.0050	减少	持续减少
钦州市	-0.0029	-0.0002	-0.0064	0.0063	减少	持续减少

城市	1990~2012 年变化速度	1990~2001 年变化速度	2001~2012 年变化速度	前后 11 年的速度差	1990~2012 年变化总趋势	按 11 年为间隔变化趋势
防城港市	-0.0018	-0.0003	-0.0078	0.0075	减少	持续减少
北海市	-0.0013	-0.0010	-0.0062	0.0053	减少	持续减少
海口市	-0.0015	-0.0037	0.0008	-0.0045	减少	先减后增
三亚市	-0.0004	-0.0035	0.0031	-0.0066	减少	先减后增

本节选取 1990~2001 年和 2001~2012 年两个相等的时间间隔，分析中国沿海城市亲海自然景观环境随时间的演变历程。从变化趋势来看，1990~2001 年这 11 年间中国沿海城市亲海自然景观环境指数均为下降趋势，表明中国海洋开发利用的强度逐渐加大，对中国沿海城市亲海自然景观环境具有破坏作用；2001~2012 年这 11 年间中国沿海城市亲海自然景观环境的恶化速度有所减缓，且台州、海口、秦皇岛、盘锦、中山、广州、三亚、上海、厦门和唐山 10 个城市的指数出现增长趋势，从图 5-9 可以看出形成了三个集中分布区，即珠江三角洲城市群、海南省和渤海东部三个核心区，其中除秦皇岛外的 9 个城市增长速度小于前 11 年的减少速度，整体上处于下降趋势。

按照 11 年为间隔来划分，前 11 年的变化速度减去后 11 年的变化速度，有 27 个城市的差值为负，表明这些沿海城市亲海自然景观环境有所改善。按照变化趋势的不同来分析，2001 年以后，变化趋势持续下降的沿海城市，亲海自然景观环境指数下降速度有所减小，先减后增的沿海城市，亲海自然景观环境指数增长速度小于下降速度。这表明随着海洋开发的不断深入，中国海洋开发利用工作越来越注重海岸带自然环境，体现了发展与保护并重的理念。

随着中国海洋开发范围和力度不断加大，沿海城市的亲海自然景观环境普遍下降。2001 年以后，为了保护和改善海洋环境，保护海洋资源，防治污染损害，维护生态平衡，保障人体健康，促进经济和社会的可持续发展，颁布了《中国海洋环境保护法》。2001 年 10 月 27 日通过的《中华人民共和国海域使用管理法》（以下简称《海域使用管理法》）中，明确规定："海域使用必须符合海洋功能区划，国家严格管理填海、围海等改变海域自然属性的用海活动。" 2002 年，国务院批准了《全国海洋功能区划》，为沿海城市海域使用管理提供法律科学依据，海域使用开始注重保护和改善生态环境。《海域使用管理法》和《全国海洋功能区划》的颁发，从一定程度上缓解了中国海域使用的"无偿、无度、无序"的现状，海洋生态环境获得相应程度的改善，但沿海城市亲海自然景观环境依旧存在恶化现象。

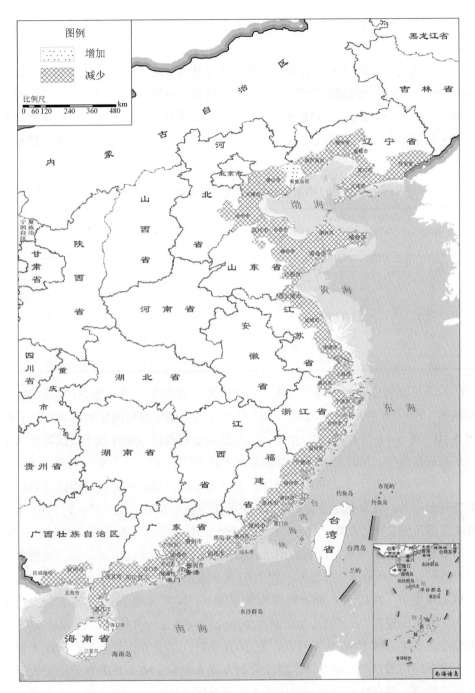

图 5-9　1990～2012 年中国沿海城市亲海自然景观环境变化趋势分布图

（2）中国沿海城市亲海自然景观环境逐渐恶化，且恶化范围多集中于辽宁省和江苏省。

为了研究中国沿海城市亲海自然景观环境空间分布的特点，将 1990 年、2001 年和 2012 年中国沿海城市亲海自然景观环境指数，按照自然断点间隔法将亲海自然景观环境划分为五类，具体划分标准如表 5-6 所示。该分类体系中的亲海自然景观环境值范围为标准化模糊综合评判的结果，其值无绝对的现实意义，仅是为了便于研究。

表 5-6　中国沿海城市亲海自然景观环境分类表

类别	亲海人居环境值范围	区间内的城市个数		
		1990 年	2001 年	2012 年
I	0.62～0.69	5	2	1
II	0.56～0.62	12	9	6
III	0.49～0.56	22	15	16
IV	0.42～0.49	11	16	13
V	0.35～0.42	0	8	14

为了反映研究区内沿海城市亲海自然景观环境的空间分布形态，按照表 5-6 绘制出 1990 年、2001 年和 2012 年的亲海自然景观环境空间分布图。对比分析图 5-10～图 5-12 可知，1990 年中国沿海城市亲海自然景观环境 I 类区域形成了山东半岛聚集区，2001 年山东半岛聚集区范围缩小，2012 年 I 类区域范围继续缩小，只剩下烟台市一个。1990 年中国沿海城市亲海自然景观环境 II 类区域除山东半岛有分布外，其余全部分布在南方，主要集中在广东和广西一带，到 2001 年时 II 类区域范围扩大，增加了大连市和宁波市，而 2012 年时 II 类区域范围出现缩小，广东省范围内缩小严重，仅剩惠州市、汕尾市和山东半岛区的青岛市、威海市。III 类区域 1990 年遍布全国沿海，到 2001 年时辽宁、河北、江苏和浙江四省 III 类区域范围缩小，2012 年广东省范围也发生缩小。IV 类区域 1990 年主要分布于辽宁、江苏、福建和广东四省，到 2001 年时范围向南移动并扩大，至 2012 年时范围缩小。V 类区域 1990 年不存在，到 2001 年时主要分布于辽宁省、天津市和长江入海口的南通市、上海市，至 2012 年时从原来的辽宁省和江苏省范围扩大至全国沿海城市，并在珠江三角洲形成了小的聚集区。

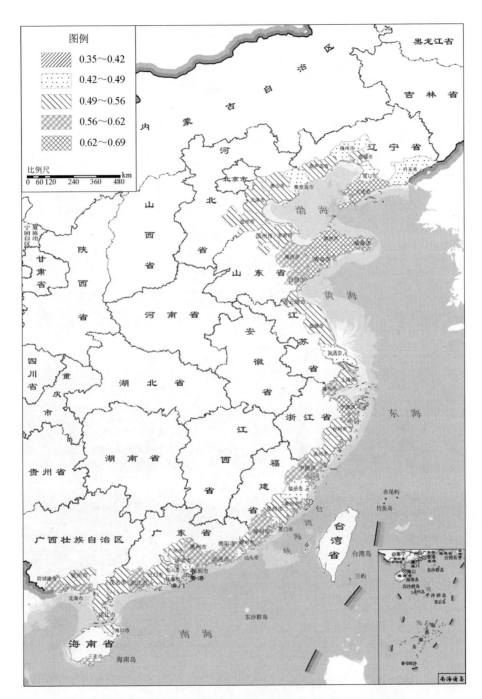

图 5-10　1990 年中国沿海城市亲海自然景观环境空间分布图

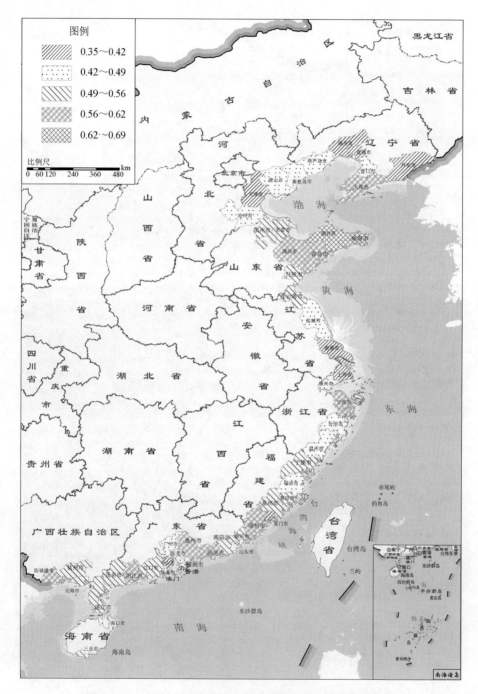

图 5-11　2001 年中国沿海城市亲海自然景观环境空间分布图

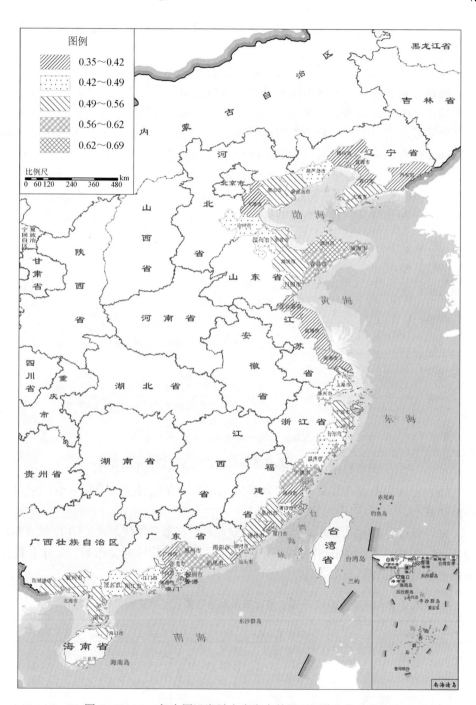

图 5-12　2012 年中国沿海城市亲海自然景观环境空间分布图

（3）中国沿海城市亲海自然景观环境空间分布差异整体下降，海区空间分布差异逐渐减小。

（a）南海区沿海城市亲海自然景观环境最好，北海区和东海区环境相当。

通过分别计算三个海区内沿海城市亲海自然景观环境指数的平均值，分析其变化规律。如图 5-13 所示，中国沿海地区不同的海区范围，城市亲海自然景观环境差异明显，南海区沿海城市亲海自然景观环境最好，东海区与北海区相当。从时间演变来看，中国三个海区内的沿海城市亲海自然景观环境指数与整体变化趋势一致，均处于下降趋势。而南海区在 1990～2001 年，亲海自然景观环境恶化较为严重，东海区相对较轻；在 2001～2012 年，南海区亲海自然景观环境略微改善，优于东海区和北海区，且北海区略微高于东海区。

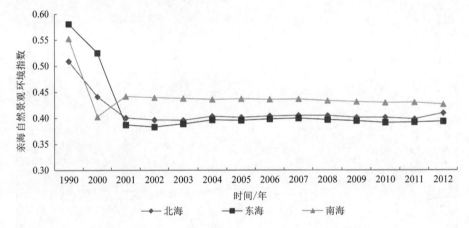

图 5-13　中国三大海区亲海自然景观环境的变化趋势图

（b）中国沿海城市亲海自然景观环境相对差距和绝对差距不断减小，空间差异波动减小。

将计算得到的中国沿海城市亲海自然景观环境指数分别代入式（5-1）、式（5-2）和式（5-4）中，求得中国沿海城市亲海自然景观环境的标准差指数、变异系数和总锡尔系数，具体情况如表 5-7 所示。

表 5-7　2000～2012 中国沿海城市亲海自然景观环境空间分布差异分析

时间/年	标准差指数	变异系数	总锡尔系数
2000	0.150	0.346	0.134
2001	0.136	0.316	0.137
2002	0.137	0.320	0.138

续表

时间/年	标准差指数	变异系数	总锡尔系数
2003	0.138	0.321	0.134
2004	0.138	0.321	0.132
2005	0.137	0.319	0.132
2006	0.137	0.318	0.130
2007	0.136	0.318	0.129
2008	0.134	0.312	0.132
2009	0.132	0.310	0.130
2010	0.133	0.314	0.132
2011	0.133	0.314	0.126
2012	0.135	0.319	0.119

　　因 2000 年以前的数据无法准确获取，本书只研究 2000~2012 年中国沿海城市亲海自然景观环境的空间分布差异。由表 5-7 可见，2000~2012 年中国沿海城市亲海自然景观环境的标准差指数不断下降，变异系数也不断下降，表明中国沿海城市亲海自然景观环境相对差距和绝对差距整体下降。从下降幅度来看，标准差系数并非逐年下降，而是经历了下降期（2000~2001 年）—上升期（2002~2004年）—再次下降期（2005~2009 年）—再次上升期（2010~2012 年）的复杂的波动过程。变异系数与标准差指数走向基本一致。总锡尔系数变化也处于下降状态，表明中国沿海城市亲海自然景观环境的空间分布差异不断减小，从走向来看，经历了上升期（2000~2002 年）—下降期（2003~2006 年）—再次上升期（2007~2008 年）—再次下降期（2009~2012 年）的复杂波浪变化过程。综合来看，2000~2012 年中国沿海城市亲海自然景观环境的空间分布差异处于不稳定的波动变化中。

　　（c）各海区空间分布差距各有特色，整体呈减小趋势。

　　根据式（5-3）和式（5-4）计算各海区的亲海自然景观环境分解的锡尔系数（表 5-8），按照其空间分解特性，中国沿海城市亲海自然景观环境差异由北海、东海和南海三个海区内部差异和三海区之间的海区差异两部分组成。根据图 5-14 分析可知，南海区亲海自然景观环境差异最大，贡献率一直大于 0.40；东海区略大于北海区。2000 年以来，除 2000~2001 年三个海区的沿海城市亲海自然景观环境差异变化幅度较大外，2002 年后基本保持稳定状态。从区际来看，2000 年以来中国东海、南海、北海区际差异变动幅度很小。从总体差异来看，2000~2002 年呈上升趋势，2002 年后基本呈下降趋势。综合来看，南海区的差异是中国海区沿海城市亲海自然景观环境整体差异的主要贡献者。

表 5-8　中国沿海城市亲海自然景观环境海区差异演化及分解

时间/年	总差异	锡尔系数分解				贡献率			
		北海	东海	南海	区际	北海	东海	南海	区际
2000	0.134	0.015	0.024	0.078	0.018	0.109	0.176	0.577	0.137
2001	0.137	0.022	0.028	0.058	0.029	0.160	0.204	0.422	0.213
2002	0.138	0.023	0.028	0.058	0.030	0.164	0.200	0.422	0.214
2003	0.134	0.022	0.028	0.059	0.025	0.165	0.207	0.439	0.189
2004	0.132	0.021	0.027	0.057	0.026	0.160	0.208	0.432	0.201
2005	0.132	0.021	0.027	0.057	0.026	0.163	0.207	0.431	0.200
2006	0.130	0.021	0.027	0.056	0.025	0.162	0.210	0.434	0.194
2007	0.129	0.021	0.027	0.056	0.025	0.165	0.210	0.435	0.190
2008	0.132	0.022	0.027	0.059	0.024	0.164	0.207	0.444	0.185
2009	0.130	0.021	0.026	0.058	0.024	0.163	0.201	0.448	0.188
2010	0.132	0.021	0.026	0.063	0.022	0.160	0.196	0.477	0.167
2011	0.126	0.020	0.026	0.059	0.021	0.159	0.206	0.465	0.171
2012	0.119	0.018	0.026	0.056	0.019	0.150	0.218	0.469	0.163

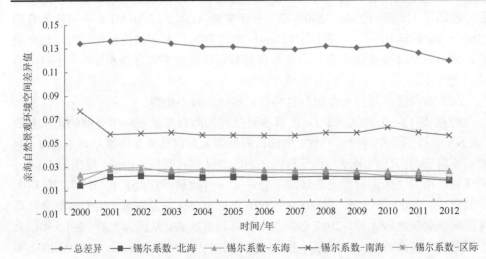

图 5-14　中国海区亲海自然景观环境空间差异的时间变化

5.2.3 亲海社会经济环境的时空演变

（1）1990～2012 年，中国沿海城市亲海社会经济环境指数整体上处于上升趋势，在 2001 年以后上升速度不断加大。

由 1990～2012 年中国沿海城市亲海社会经济环境指数，计算相同时间间隔的变化趋势与速度（表 5-9）。分析整体变化趋势，结果表明：1990～2012 年，中国沿海城市亲海社会经济环境指数变化速度值匀为正值，表明中国沿海城市亲海社会经济环境处于不断优化趋势，原因是随着海洋开发利用的不断深入，海洋经济带动沿海城市社会经济环境不断提高。

表 5-9 1990～2012 年中国沿海城市亲海社会经济环境变化趋势

城市	1990～2012 年变化速度	1990～2001 年变化速度	2001～2012 年变化速度	前后 11 年的速度差	1990～2012 年变化总趋势	按 11 年为间隔变化趋势
丹东市	0.0033	0.0011	0.0054	-0.0043	增加	持续增加
大连市	0.0091	0.0034	0.0129	-0.0095	增加	持续增加
营口市	0.0036	0.0023	0.0061	-0.0038	增加	持续增加
盘锦市	0.0045	0.0023	0.0043	-0.0020	增加	持续增加
锦州市	0.0034	0.0026	0.0049	-0.0022	增加	持续增加
葫芦岛市	0.0037	0.0024	0.0058	-0.0034	增加	持续增加
秦皇岛市	0.0039	0.0014	0.0070	-0.0056	增加	持续增加
唐山市	0.0039	0.0017	0.0061	-0.0045	增加	持续增加
沧州市	0.0031	0.0009	0.0062	-0.0052	增加	持续增加
天津市	0.0160	0.0032	0.0264	-0.0232	增加	持续增加
东营市	0.0066	0.0030	0.0107	-0.0077	增加	持续增加
滨州市	0.0083	0.0095	0.0074	0.0021	增加	持续增加
烟台市	0.0059	0.0038	0.0081	-0.0043	增加	持续增加
威海市	0.0052	0.0056	0.0052	0.0004	增加	持续增加
潍坊市	0.0062	0.0050	0.0085	-0.0035	增加	持续增加
青岛市	0.0094	0.0044	0.0121	-0.0076	增加	持续增加
日照市	0.0070	0.0067	0.0073	-0.0006	增加	持续增加
连云港市	0.0038	0.0038	0.0036	0.0002	增加	持续增加
盐城市	0.0057	0.0083	0.0027	0.0056	增加	持续增加
南通市	0.0056	0.0023	0.0086	-0.0063	增加	持续增加
上海市	0.0197	0.0091	0.0332	-0.0241	增加	持续增加
嘉兴市	0.0051	0.0049	0.0050	-0.0001	增加	持续增加

续表

城市	1990~2012年变化速度	1990~2001年变化速度	2001~2012年变化速度	前后11年的速度差	1990~2012年变化总趋势	按11年为间隔变化趋势
宁波市	0.0068	0.0053	0.0071	-0.0018	增加	持续增加
台州市	0.0026	0.0033	0.0019	0.0014	增加	持续增加
温州市	0.0030	-0.0001	0.0048	-0.0049	增加	先减后增
厦门市	0.0061	0.0002	0.0119	-0.0118	增加	持续增加
宁德市	0.0051	0.0070	0.0057	0.0013	增加	持续增加
福州市	0.0066	0.0048	0.0112	-0.0063	增加	持续增加
莆田市	0.0033	0.0047	0.0024	0.0023	增加	持续增加
泉州市	0.0054	0.0036	0.0079	-0.0042	增加	持续增加
漳州市	0.0044	0.0024	0.0085	-0.0061	增加	持续增加
潮州市	0.0081	0.0090	0.0060	0.0030	增加	持续增加
广州市	0.0153	0.0078	0.0225	-0.0148	增加	持续增加
深圳市	0.0172	0.0089	0.0218	-0.0129	增加	持续增加
揭阳市	0.0081	0.0021	0.0151	-0.0130	增加	持续增加
汕头市	0.0036	0.0015	0.0078	-0.0063	增加	持续增加
惠州市	0.0046	0.0011	0.0074	-0.0063	增加	持续增加
汕尾市	0.0055	0.0032	0.0089	-0.0057	增加	持续增加
东莞市	0.0095	0.0053	0.0137	-0.0084	增加	持续增加
珠海市	0.0069	0.0068	0.0067	0.0000	增加	持续增加
江门市	0.0061	0.0009	0.0067	-0.0058	增加	持续增加
中山市	0.0058	0.0044	0.0065	-0.0021	增加	持续增加
阳江市	0.0083	0.0082	0.0099	-0.0018	增加	持续增加
湛江市	0.0080	0.0035	0.0132	-0.0097	增加	持续增加
茂名市	0.0089	0.0068	0.0126	-0.0059	增加	持续增加
钦州市	0.0037	0.0070	0.0010	0.0060	增加	持续增加
防城港市	0.0048	0.0092	0.0001	0.0091	增加	持续增加
北海市	0.0018	-0.0003	0.0031	-0.0035	增加	先减后增
海口市	0.0029	0.0040	0.0025	0.0016	增加	持续增加
三亚市	0.0077	0.0032	0.0135	-0.0103	增加	持续增加

　　本节选取1990~2001年和2001~2012年两个相等的时间间隔,分析中国沿海城市亲海社会经济环境随时间的演变历程。从变化趋势来看,1990~2001年,中国沿海城市亲海社会经济环境指数均为上升趋势(温州市和北海市的下降速度

小于 0.001），表明海洋开发利用的快速发展，对中国沿海城市社会经济具有巨大的推动作用；2001～2012 年，中国沿海城市亲海社会经济环境的变化速度均为正值，表明中国沿海城市亲海社会经济环境不断地优化。

按照 11 年为间隔来划分，前 11 年的变化速度减去后 11 年的变化速度，有 37 个城市的差值为负，表明这些沿海城市亲海社会经济环境有所改善。按照变化趋势的不同来分析，变化趋势持续增加的沿海城市，亲海社会经济环境不断优化，且优化速度不断提高，充分体现了中国海洋经济在国民经济中的重要地位。

（2）中国沿海城市亲海社会经济环境与经济发展水平一致，上海、天津、广州、深圳等一线城市较高。

为了研究中国沿海城市亲海社会经济环境空间分布的特点，将 1990 年、2001 年和 2012 年中国沿海城市亲海社会经济环境指数，按照自然断点间隔法将亲海社会经济环境划分为五类，具体划分标准如表 5-10 所示。该分类体系中的亲海社会经济环境值范围为标准化模糊综合评判的结果，其值无绝对的现实意义，只是为了便于研究。

表 5-10　中国沿海城市亲海社会经济环境分类表

类别	亲海社会经济环境值范围	区间内的城市个数		
		1990 年	2001 年	2012 年
I	0.52～0.64	0	0	4
II	0.40～0.52	0	0	0
III	0.28～0.40	0	3	6
IV	0.16～0.28	9	33	37
V	0.04～0.16	41	14	3

为了反映研究区内沿海城市亲海社会经济环境的空间分布形态，按照表 5-10 绘制出 1990 年、2001 年和 2012 年的亲海社会经济环境空间分布图。对比分析图 5-15～图 5-17 可知，1990 年中国沿海城市亲海社会经济环境只有IV类和V类区域，V类区域遍布沿海各省，IV类区域则零散分布于大连、天津、上海、海口以及珠江三角洲附近；2001 年V类区域的范围缩小，逐渐提升为IV类区域，而上海、广州提升为III类区域；2012 年时V类区域的范围继续缩小，而上海、广州、深圳和天津提升为 I 类区域，广东省III类区域的范围缩小。由此可见，2001～2012 年中国沿海城市亲海社会经济环境增长迅速，其发展与经济发展水平一致，形成了三个高值区：上海、天津、珠江入海口的广州和深圳。

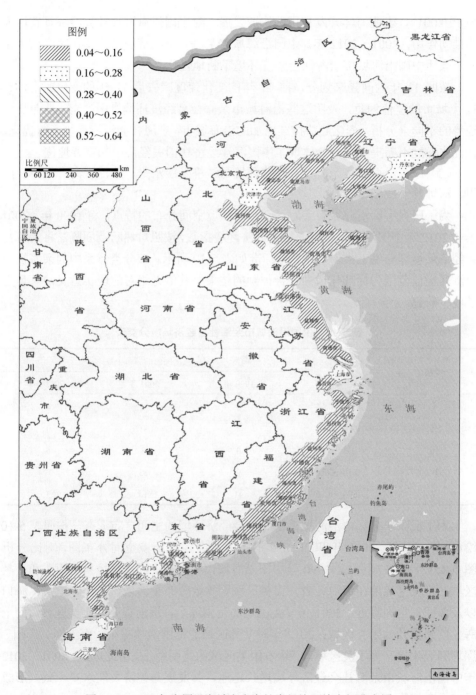

图 5-15　1990 年中国沿海城市亲海社会经济环境空间分布图

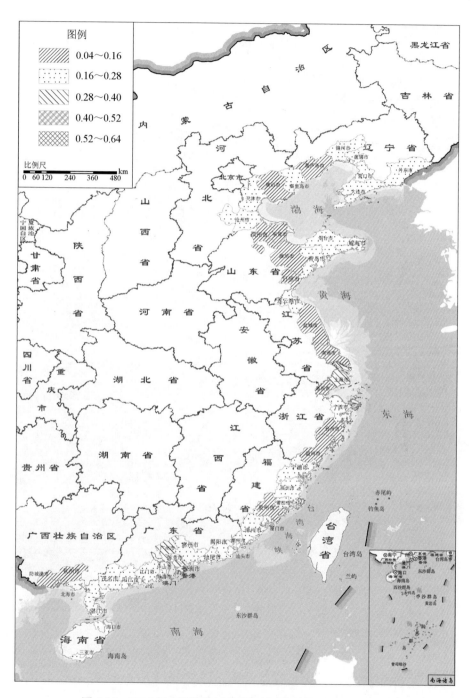

图 5-16   2001 年中国沿海城市亲海社会经济环境空间分布图

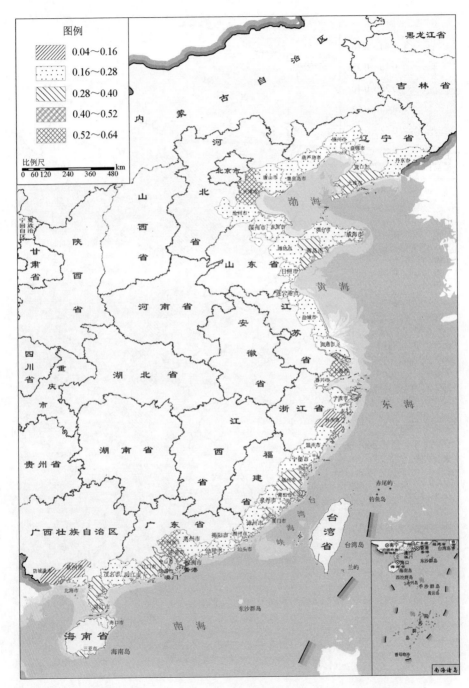

图 5-17　2012 年中国沿海城市亲海社会经济环境空间分布图

（3）中国沿海城市亲海社会经济环境空间分布差异上升，海区间差异逐渐减小。

（a）南海区沿海城市亲海社会经济环境较好，东海区和北海区增长趋势一致。

通过分别计算三个区域内沿海城市亲海社会经济环境指数的平均值，分析其变化规律。如图 5-18 所示，中国沿海地区不同的海区范围，城市亲海社会经济环境差异明显，南海区沿海城市社会经济环境较好，东海区稍高于北海区。从时间演变来看，中国三个海区内的沿海城市亲海社会经济环境整体变化趋势一致，均处于增长趋势。各增长趋势时空变化差异较明显，1990 年时北海区亲海社会经济环境最好，2000 年时东海区最好，2001 年后南海区最好。从增长速度来看，1990～2000 年，东海区变化速度增长较为迅速，其次为北海区和南海区；在 2000～2001 年间，南海区增长速度增大超过了北海区，其值高于东海区和北海区。

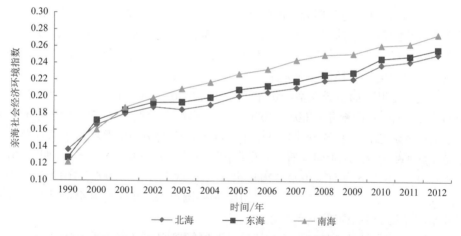

图 5-18 中国三大海区亲海社会经济环境的变化趋势图

（b）中国沿海城市亲海社会经济环境相对差距和绝对差距不断增大，空间差异波动减小。

将计算得到的中国沿海城市亲海社会经济环境指数分别代入式（5-1）、式（5-2）和式（5-4）中，求得中国沿海城市亲海社会经济环境的标准差指数、变异指数和总锡尔系数，具体情况如表 5-11 所示。

表 5-11 2000～2012 年中国沿海城市亲海社会经济环境空间分布差异分析

时间/年	标准差指数	变异系数	总锡尔系数
2000	0.047	0.287	0.171
2001	0.047	0.262	0.168
2002	0.049	0.260	0.218
2003	0.053	0.276	0.176
2004	0.060	0.301	0.185
2005	0.064	0.308	0.184
2006	0.069	0.301	0.181
2007	0.076	0.312	0.185
2008	0.079	0.346	0.188
2009	0.080	0.346	0.185
2010	0.093	0.385	0.192
2011	0.098	0.402	0.185
2012	0.106	0.421	0.183

因 2000 年以前的数据无法准确获取，本节只研究 2000～2012 年中国沿海城市亲海社会经济环境的空间分布差异。由表 5-11 可见，2000～2012 年中国沿海城市亲海社会经济环境的标准差指数不断增长，变异系数也不断增长，表明中国沿海城市亲海社会经济环境相对差距和绝对差距整体上升。从上升幅度来看，标准差系数逐年上升，而变异系数经历了下降期（2000～2002 年）—上升期（2003～2004 年）—再次下降期（2005～2006 年）—再次上升期（2007～2012 年）的复杂波动过程。总锡尔系数变化也处于上升状态，表明中国沿海城市亲海社会经济环境差异不断增大，从走向来看，经历了下降期（2000～2001 年）—上升期（2001～2002 年）—再次下降期（2003～2006 年）—再次上升期（2007～2012 年）的复杂波浪变化过程。综合来看，2000～2012 年中国沿海城市亲海社会经济环境的空间分布差异处于不稳定的波动变化中。

（c）各海区空间分布差距各有特色，海区间的空间分布差距不断减小。

根据式（5-3）和式（5-4）计算各海区的亲海社会经济环境分解的锡尔系数（表 5-12），按照其空间分解特性，中国沿海城市亲海社会经济环境差异由北海、东海和南海三个海区内部差异和三海区之间的海区差异两部分组成。根据图 5-19 分析可知，东海区和北海区差异基本相等，变化趋势一致，贡献率逐年增大；南海区锡尔系数为负，且差异逐渐减少，2012 年时为 0.001。从区际来看，区际差异较大，且呈下降趋势，2000～2012 年，中国东海、南海、北海区际差异变动幅度较大，在 0.059～0.116。从总体差异来看，在 2000～2004 年呈上升趋势，2004 年后基本呈下降趋势。综合来看，三个海区间的区际差异是中国海区沿海城市亲海社会经济环境整体差异的主要贡献者，其贡献率大于 0.32。

表 5-12　中国沿海城市亲海社会经济环境海区差异演化及分解

时间/年	总差异	锡尔系数分解				贡献率			
		北海	东海	南海	区际	北海	东海	南海	区际
2000	0.171	0.068	0.065	-0.070	0.108	0.217	0.209	0.226	0.348
2001	0.168	0.066	0.061	-0.075	0.116	0.207	0.193	0.236	0.364
2002	0.169	0.064	0.057	-0.063	0.111	0.218	0.192	0.214	0.376
2003	0.176	0.060	0.061	-0.047	0.102	0.222	0.226	0.175	0.376
2004	0.185	0.059	0.065	-0.042	0.103	0.220	0.242	0.155	0.382
2005	0.184	0.057	0.065	-0.034	0.096	0.226	0.259	0.134	0.381
2006	0.181	0.056	0.065	-0.031	0.091	0.231	0.267	0.129	0.374
2007	0.185	0.056	0.065	-0.024	0.088	0.242	0.279	0.102	0.377
2008	0.188	0.057	0.064	-0.015	0.082	0.259	0.295	0.070	0.376
2009	0.185	0.053	0.067	-0.014	0.079	0.248	0.315	0.067	0.370
2010	0.192	0.058	0.068	0.000	0.067	0.301	0.352	0.001	0.347
2011	0.185	0.057	0.066	-0.002	0.064	0.301	0.352	0.010	0.337
2012	0.183	0.058	0.066	0.001	0.059	0.315	0.358	0.004	0.323

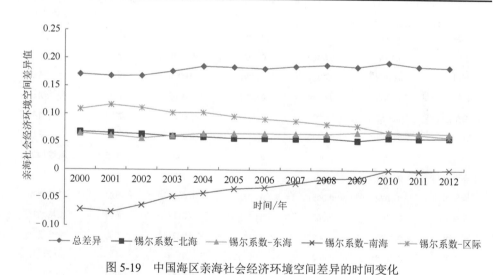

图 5-19　中国海区亲海社会经济环境空间差异的时间变化

5.2.4　亲海居住设施环境的时空演变

（1）1990～2012 年，中国沿海城市亲海居住设施环境指数全部呈增长趋势，在 2001 年以后增长速度不断加大。

由 1990～2012 年中国沿海城市亲海居住设施环境指数，计算相同时间间隔的变化趋势与速度（表 5-13）。分析整体变化趋势，结果表明：1990～2012 年，中国沿海城市亲海居住设施环境指数变化速度值均为正值，表明中国沿海城市亲海居住设施环境处于不断优化趋势，原因是随着中国海洋经济不断发展，沿海居住设施不断完善，居住条件得到了巨大的改善。

本节选取 1990～2001 年和 2001～2012 年两个相等的时间间隔，分析中国沿海城市亲海居住设施环境随时间的演变历程。从变化趋势来看，1990～2012 年，中国沿海城市亲海居住设施环境的变化速度均为正值，表明研究区内的 50 个沿海城市的亲海居住设施环境指数均处于持续增长趋势。按照 11 年时间间隔来划分，前 11 年的变化速度减去后 11 年的变化速度，全部沿海城市均为负值，表明 1990～2012 年中国沿海城市亲海居住设施环境优化速度不断加大。

从图 5-20 可知，1990～2012 年中国沿海城市亲海居住设施环境指数增长速度较缓慢的区域位于辽宁、广东、广西和海南四个省（区）。广东省内部变化速度差异较大，珠江三角洲区域增长速度最快，而广东省南部沿海城市的增长速度最慢。

表 5-13　1990～2012 年中国沿海城市亲海居住设施环境变化趋势

城市	1990～2012 年变化速度	1990～2001 年变化速度	2001～2012 年变化速度	前后 11 年的速度差	1990～2012 年变化总趋势	按 11 年为间隔变化趋势
丹东市	0.0050	0.0017	0.0083	-0.0067	增加	持续增加
大连市	0.0076	0.0060	0.0090	-0.0030	增加	持续增加
营口市	0.0066	0.0021	0.0091	-0.0070	增加	持续增加
盘锦市	0.0062	0.0029	0.0097	-0.0069	增加	持续增加
锦州市	0.0057	0.0023	0.0079	-0.0056	增加	持续增加
葫芦岛市	0.0053	0.0024	0.0065	-0.0041	增加	持续增加
秦皇岛市	0.0064	0.0053	0.0057	-0.0004	增加	持续增加
唐山市	0.0071	0.0018	0.0119	-0.0101	增加	持续增加
沧州市	0.0074	0.0051	0.0078	-0.0027	增加	持续增加
天津市	0.0102	0.0037	0.0155	-0.0118	增加	持续增加
东营市	0.0125	0.0082	0.0153	-0.0071	增加	持续增加
滨州市	0.0075	0.0020	0.0125	-0.0104	增加	持续增加
烟台市	0.0096	0.0022	0.0165	-0.0144	增加	持续增加
威海市	0.0076	0.0030	0.0126	-0.0096	增加	持续增加
潍坊市	0.0092	0.0030	0.0144	-0.0114	增加	持续增加
青岛市	0.0124	0.0056	0.0177	-0.0121	增加	持续增加
日照市	0.0104	0.0040	0.0148	-0.0108	增加	持续增加
连云港市	0.0089	0.0025	0.0149	-0.0123	增加	持续增加

续表

城市	1990~2012 年变化速度	1990~2001 年变化速度	2001~2012 年变化速度	前后 11 年的速度差	1990~2012 年变化总趋势	按 11 年为间隔变化趋势
盐城市	0.0105	0.0009	0.0176	-0.0167	增加	持续增加
南通市	0.0101	0.0035	0.0147	-0.0112	增加	持续增加
上海市	0.0122	0.0146	0.0088	0.0058	增加	持续增加
嘉兴市	0.0079	0.0040	0.0119	-0.0079	增加	持续增加
宁波市	0.0083	0.0026	0.0123	-0.0097	增加	持续增加
台州市	0.0080	0.0042	0.0115	-0.0073	增加	持续增加
温州市	0.0105	0.0070	0.0116	-0.0046	增加	持续增加
厦门市	0.0090	0.0028	0.0140	-0.0113	增加	持续增加
宁德市	0.0070	0.0060	0.0082	-0.0021	增加	持续增加
福州市	0.0078	0.0044	0.0106	-0.0062	增加	持续增加
莆田市	0.0073	0.0057	0.0079	-0.0023	增加	持续增加
泉州市	0.0100	0.0052	0.0133	-0.0082	增加	持续增加
漳州市	0.0080	0.0037	0.0119	-0.0082	增加	持续增加
潮州市	0.0064	0.0083	0.0045	0.0038	增加	持续增加
广州市	0.0160	0.0109	0.0198	-0.0089	增加	持续增加
深圳市	0.0146	0.0060	0.0219	-0.0159	增加	持续增加
揭阳市	0.0036	0.0046	0.0021	0.0025	增加	持续增加
汕头市	0.0037	0.0039	0.0033	0.0006	增加	持续增加
惠州市	0.0086	0.0071	0.0088	-0.0017	增加	持续增加
汕尾市	0.0058	0.0020	0.0095	-0.0075	增加	持续增加
东莞市	0.0114	0.0080	0.0130	-0.0050	增加	持续增加
珠海市	0.0099	0.0098	0.0108	-0.0010	增加	持续增加
江门市	0.0058	0.0063	0.0059	0.0004	增加	持续增加
中山市	0.0050	0.0055	0.0072	-0.0017	增加	持续增加
阳江市	0.0044	0.0002	0.0066	-0.0064	增加	持续增加
湛江市	0.0062	0.0026	0.0086	-0.0060	增加	持续增加
茂名市	0.0044	0.0047	0.0037	0.0010	增加	持续增加
钦州市	0.0060	0.0026	0.0086	-0.0060	增加	持续增加
防城港市	0.0068	0.0030	0.0079	-0.0049	增加	持续增加
北海市	0.0078	0.0009	0.0114	-0.0105	增加	持续增加
海口市	0.0074	0.0053	0.0082	-0.0028	增加	持续增加
三亚市	0.0045	0.0042	0.0059	-0.0016	增加	持续增加

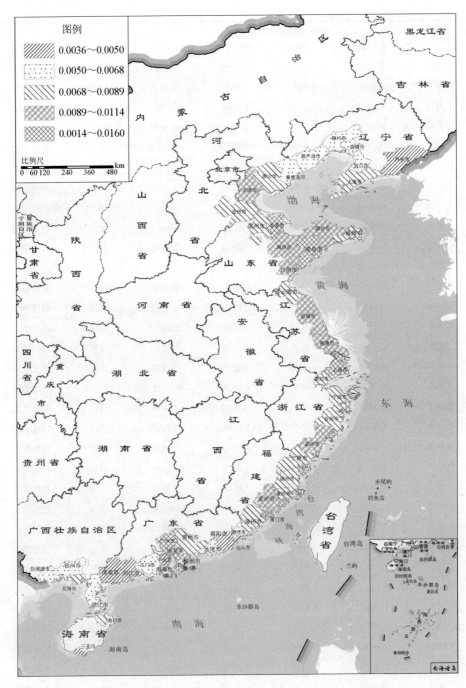

图5-20 1990～2012年中国沿海城市亲海居住设施环境变化速度分布图

（2）中国沿海城市亲海居住设施环境与经济发展水平呈正相关，且形成了珠三角城市群聚集区。

为了研究中国沿海城市亲海居住设施环境空间分布的特点，将 1990 年、2001 年和 2012 年中国沿海城市亲海居住设施环境指数，按照自然断点间隔法将亲海居住设施环境划分为五类，具体划分标准如表 5-14 所示。该分类体系中的亲海居住设施环境值范围为标准化模糊综合评判的结果，其值无绝对的现实意义，只是为了便于研究。

表 5-14　中国沿海城市亲海居住设施环境分类表

类别	亲海居住设施环境值范围	区间内的城市个数		
		1990 年	2001 年	2012 年
I	0.51～0.60	0	0	2
II	0.42～0.51	0	0	8
III	0.33～0.42	0	4	25
IV	0.25～0.33	5	21	15
V	0.15～0.24	45	25	0

为了反映研究区内沿海城市亲海居住设施环境的空间分布形态，按照表 5-14 绘制出 1990 年、2001 年和 2012 年的亲海居住设施环境空间分布图。对比图 5-21～图 5-23 可知，1990 年中国沿海城市亲海居住设施环境只有IV类和V类区，V类区遍布沿海各省市，IV类区则零散分布于天津市、威海市、广州市、深圳市、珠海市等地，珠江三角洲形成了IV类聚集区；2001 年V类区范围缩小，逐渐提升为IV类区，IV类形成了珠江三角洲和山东半岛集中区，天津市、广州市、深圳市和上海市提升为III类区；2012 年V类区范围继续缩小，珠江三角洲地区率先上升为I类区，而上海市、天津市、山东半岛出现II类区。1990～2001 年中国沿海城市经济水平发展高的地区居住设施环境率先提升，2001～2012 年珠江三角洲城市群迅速提升，超越了上海市和天津市。由此可见，中国沿海城市亲海居住设施环境的发展与经济发展存在正相关关系，形成了珠三角城市群高值区。

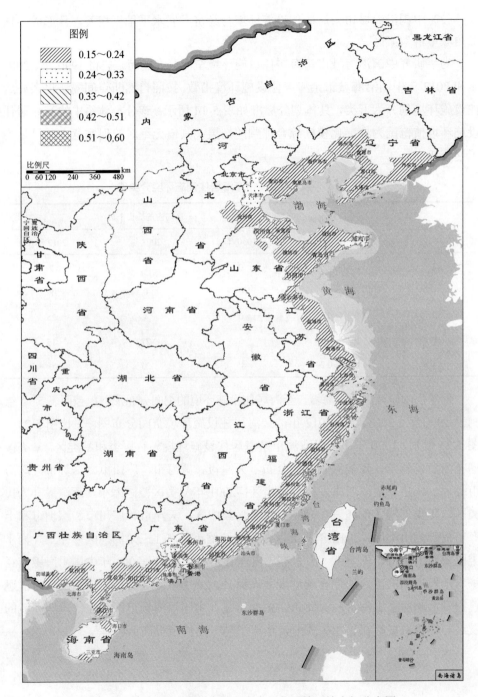

图 5-21　1990 年中国沿海城市亲海居住设施环境空间分布图

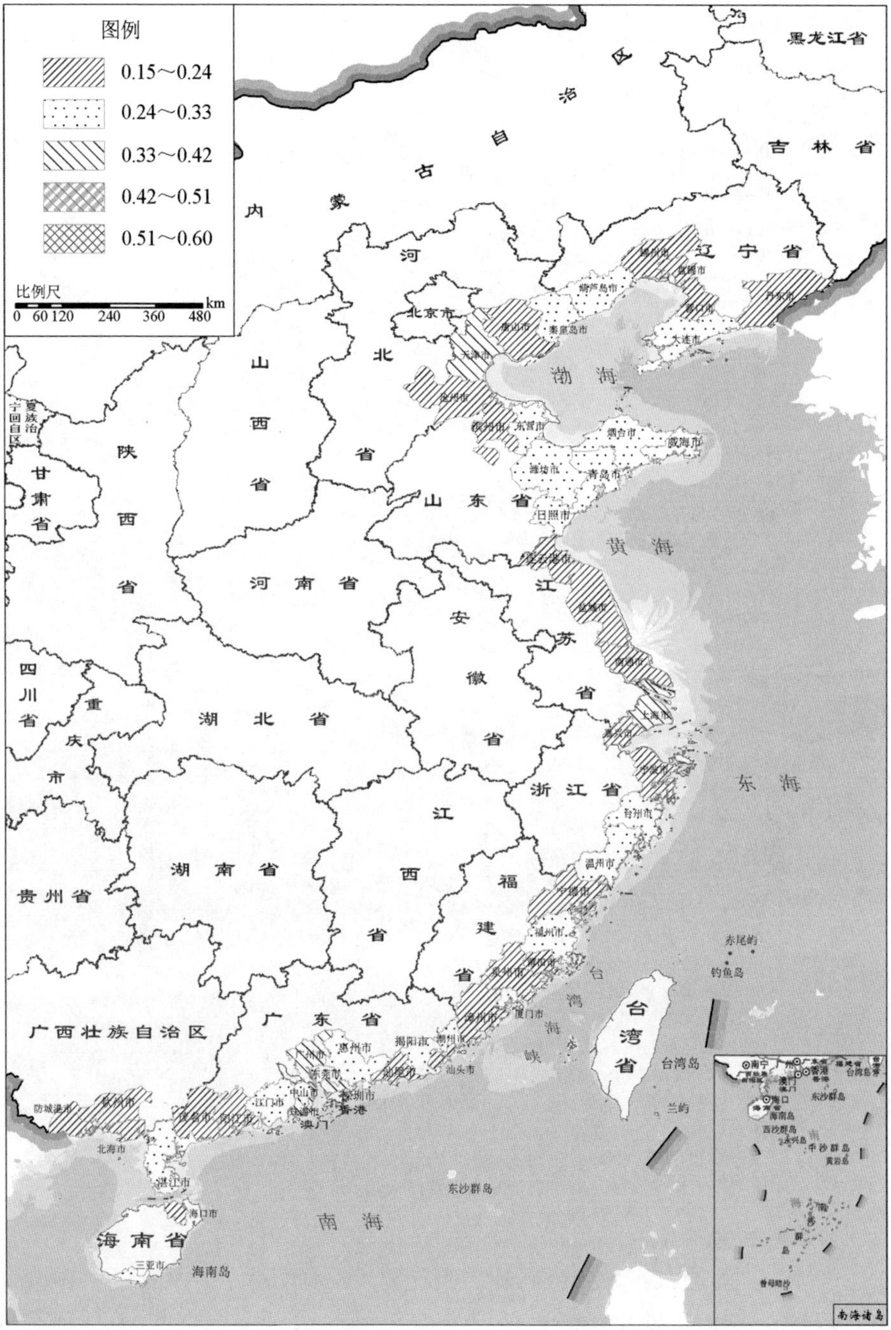

图 5-22　2001 年中国沿海城市亲海居住设施环境空间分布图

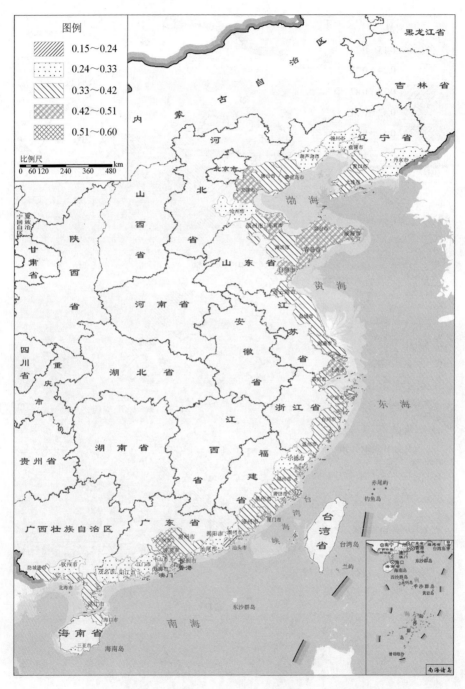

图 5-23 2012 年中国沿海城市亲海居住设施环境空间分布图

（3）中国沿海城市和海区亲海居住设施环境空间分布差异均呈减小趋势，南海区内部空间差异波动增长。

（a）海区内沿海城市亲海居住设施环境的空间差异不明显。

通过分别计算三个区域内沿海城市亲海居住设施环境指数的平均值，分析其变化规律。如图 5-24 所示，中国沿海地区不同的海区范围，城市亲海居住设施环境基本相等，差异不明显。从时间演变来看，中国三个海区内的沿海城市亲海居住设施环境整体变化趋势一致，均呈增长趋势。各海区间增长趋势时空变化差异较明显，1990 年北海区亲海居住设施环境最优，2000 年东海区最优，2001 年后南海区最优。从增长速度来看，1990～2000 年，东海区增长较为迅速，其次为北海区和南海区；2000～2001 年，南海区增长速度增大超过北海区，其值高于东海区和北海区。

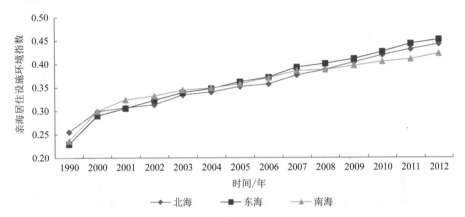

图 5-24　中国三大海区亲海居住设施环境的变化趋势图

（b）中国沿海城市亲海居住设施环境相对差距和绝对差距不断增大，空间差异下降。

将计算得到的中国沿海城市亲海居住设施环境指数分别代入式（5-1）、式（5-2）和式（5-4）中，求得中国沿海城市亲海居住设施环境的标准差指数、变异系数和总锡尔系数，具体情况如表 5-15 所示。

表 5-15　2000～2012 年中国沿海城市亲海居住设施环境空间分布差异分析

时间/年	标准差指数	变异系数	总锡尔系数
2000	0.055	0.185	0.165
2001	0.061	0.200	0.166

续表

时间/年	标准差指数	变异系数	总锡尔系数
2002	0.057	0.179	0.213
2003	0.080	0.243	0.158
2004	0.082	0.245	0.157
2005	0.084	0.241	0.155
2006	0.074	0.231	0.155
2007	0.078	0.197	0.152
2008	0.081	0.210	0.150
2009	0.083	0.208	0.146
2010	0.084	0.205	0.145
2011	0.085	0.201	0.140
2012	0.091	0.211	0.138

因 2000 年以前的数据无法准确获取，本节只研究 2000～2012 年中国沿海城市亲海居住设施环境的空间分布差异。由表 5-15 可见，2000～2012 年中国沿海城市亲海居住设施环境的标准差指数不断增加，变异系数也不断增加，表明中国沿海城市亲海居住设施环境相对差距和绝对差距整体上升。从上升幅度来看，标准差指数并非逐年上升，经历了上升期（2000～2001 年）—下降期（2001～2002年）—再次上升期（2003～2005 年）—再次下降期（2005～2006 年）—再次上升期（2007～2012 年）的复杂波动变化过程；变异系数则经历了下降期（2000～2001年）—上升期（2001～2002 年）—上升期（2003～2004 年）—下降期（2005～2007年）—再次上升期（2007～2008 年）—再次下降期（2009～2011 年）—再次上升期（2011～2012 年）的复杂波浪过程。总锡尔系数变化整体呈下降趋势，表明中国沿海城市亲海居住设施环境差异不断减小。从走向来看，经历了上升期（2000～2002 年）—下降期（2003～2012 年）的变化过程。综合来看，2000～2012 年中国沿海城市亲海居住设施环境的空间分布差异处于波动的变化中。

（c）中国海区亲海居住设施环境空间分布差距不断减小，南海区内部差异波动增长。

根据式（5-3）和式（5-4）计算各海区的亲海居住设施环境分解的锡尔系数（表 5-16），按照其空间分解特性，中国沿海城市亲海居住设施环境差异由北海、东海和南海三个海区内部差异和三海区之间的海区差异两部分组成。根据图 5-25分析可知，东海区和北海区内部差异基本相同，变化趋势也一致，南海区内部差异变化波动较大。从区际来看，2000～2012 年中国东海、南海、北海区际差异呈下降趋势，且变动幅度较大，在 0.15～0.54 波动；从总体差异来看，2000～2012

年中国沿海城市亲海居住设施环境空间分布差异基本呈下降趋势。综合来看，南海区的差异逐渐成为中国海区亲海居住设施环境整体差异的主要贡献者。

表 5-16 中国沿海城市亲海居住设施环境海区差异演化及分解

时间/年	总差异	锡尔系数分解				贡献率			
		北海	东海	南海	区际	北海	东海	南海	区际
2000	0.165	0.043	0.048	0.031	0.043	0.260	0.293	0.188	0.260
2001	0.166	0.047	0.048	0.017	0.054	0.284	0.291	0.101	0.324
2002	0.160	0.045	0.046	0.020	0.050	0.278	0.287	0.125	0.309
2003	0.158	0.044	0.046	0.028	0.039	0.280	0.292	0.179	0.249
2004	0.157	0.044	0.045	0.028	0.040	0.278	0.290	0.178	0.254
2005	0.155	0.042	0.045	0.031	0.036	0.273	0.292	0.202	0.233
2006	0.155	0.039	0.044	0.038	0.034	0.254	0.284	0.244	0.217
2007	0.152	0.038	0.041	0.044	0.029	0.249	0.270	0.289	0.192
2008	0.150	0.038	0.040	0.045	0.027	0.254	0.267	0.300	0.178
2009	0.146	0.037	0.037	0.048	0.024	0.256	0.252	0.328	0.163
2010	0.145	0.036	0.035	0.056	0.019	0.245	0.240	0.384	0.131
2011	0.140	0.034	0.035	0.054	0.017	0.242	0.252	0.387	0.119
2012	0.138	0.032	0.034	0.057	0.015	0.233	0.246	0.412	0.109

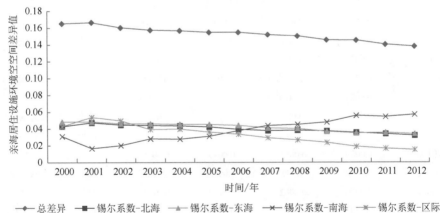

图 5-25 中国海区亲海居住设施环境空间差异的时间变化

5.2.5 亲海空间安全环境的时空演变

（1）1990～2012 年，中国沿海城市亲海空间安全环境处于恶化状态，大部分地区恶化速度增加，江、浙、沪出现改善现象。

由 1990～2012 年中国沿海城市亲海空间安全环境指数，计算相同时间间隔的变化趋势与速度（表 5-17）。分析整体变化趋势，结果表明：1990～2012 年，中国沿海城市亲海空间安全环境指数变化速度值均为负值，表明中国沿海城市亲海空间安全环境处于不断恶化趋势，原因是随着海洋开发不断深入，海洋空间资源遭受巨大的威胁，亲海空间减小，安全系数降低。

本节选取 1990～2001 年和 2001～2012 年两个相等的时间间隔，分析中国沿海城市亲海空间安全环境随时间的演变历程。从变化趋势来看，1990～2001 年，除天津市、东营市和唐山市以外的其余沿海城市亲海空间安全环境指数均为下降趋势（上海市的下降速度为 0），表明随着中国沿海城市亲海空间的减少，安全隐患加大；2001～2012 年，研究区内 41 个沿海城市亲海空间安全环境的变化速度为负值，表明中国沿海城市亲海空间安全环境仍在不断恶化。

从空间分布来看，2001 年以后，江苏、浙江、上海集中区的沿海城市亲海空间安全环境出现改善。按照 11 年时间间隔来划分，前 11 年的变化速度减去后 11 年的变化速度，有 24 个沿海城市为正值，表明 48%的沿海城市亲海空间安全环境仍在恶化，且恶化速度不断加快。

表 5-17　1990～2012 年中国沿海城市亲海空间安全环境变化趋势

城市	1990～2012 年变化速度	1990～2001 年变化速度	2001～2012 年变化速度	前后 11 年的速度差	1990～2012 年变化总趋势	按 11 年为间隔变化趋势
丹东市	-0.0015	-0.0023	-0.0019	-0.0004	减少	持续减小
大连市	-0.0005	-0.0012	-0.0110	0.0098	减少	持续减小
营口市	-0.0033	-0.0030	-0.0049	0.0020	减少	持续减小
盘锦市	-0.0020	-0.0023	-0.0029	0.0006	减少	持续减小
锦州市	-0.0025	-0.0038	-0.0019	-0.0019	减少	持续减小
葫芦岛市	-0.0014	-0.0021	-0.0032	0.0011	减少	持续减小
秦皇岛市	-0.0019	-0.0013	-0.0019	0.0006	减少	持续减小
唐山市	-0.0020	0.0003	-0.0043	0.0045	减少	先增后减
沧州市	-0.0010	-0.0001	-0.0023	0.0022	减少	持续减小
天津市	-0.0060	0.0002	-0.0119	0.0121	减少	先增后减
东营市	-0.0003	0.0019	-0.0032	0.0050	减少	先增后减
滨州市	-0.0006	-0.0009	0.0007	-0.0016	减少	先减后增
烟台市	-0.0032	-0.0058	-0.0030	-0.0028	减少	持续减小
威海市	-0.0067	-0.0083	-0.0071	-0.0012	减少	持续减小
潍坊市	-0.0016	-0.0014	-0.0026	0.0012	减少	持续减小
青岛市	-0.0039	-0.0002	-0.0037	0.0036	减少	持续减小
日照市	-0.0012	-0.0008	-0.0021	0.0013	减少	持续减小
连云港市	-0.0038	-0.0073	0.0010	-0.0084	减少	先减后增

城市	1990～2012 年 变化速度	1990～2001 年 变化速度	2001～2012 年 变化速度	前后 11 年的 速度差	1990～2012 年 变化总趋势	按 11 年为间隔 变化趋势
盐城市	-0.0013	-0.0114	0.0110	-0.0224	减少	先减后增
南通市	-0.0043	-0.0148	0.0114	-0.0261	减少	先减后增
上海市	-0.0003	-0.0018	0.0028	-0.0045	减少	先减后增
嘉兴市	-0.0016	-0.0024	0.0006	-0.0031	减少	先减后增
宁波市	-0.0077	-0.0120	0.0071	-0.0191	减少	先减后增
台州市	-0.0033	-0.0062	0.0012	-0.0074	减少	先减后增
温州市	-0.0044	-0.0080	0.0031	-0.0112	减少	先减后增
厦门市	-0.0040	-0.0023	-0.0027	0.0004	减少	持续减小
宁德市	-0.0043	-0.0045	-0.0054	0.0009	减少	持续减小
福州市	-0.0028	-0.0027	-0.0041	0.0015	减少	持续减小
莆田市	-0.0103	-0.0030	-0.0198	0.0168	减少	持续减小
泉州市	-0.0032	-0.0037	-0.0031	-0.0007	减少	持续减小
漳州市	-0.0047	-0.0044	-0.0128	0.0084	减少	持续减小
潮州市	-0.0009	-0.0009	-0.0011	0.0002	减少	持续减小
广州市	-0.0003	-0.0003	-0.0004	0.0000	减少	持续减小
深圳市	-0.0038	-0.0033	-0.0047	0.0014	减少	持续减小
揭阳市	-0.0008	-0.0006	-0.0012	0.0006	减少	持续减小
汕头市	-0.0004	-0.0009	-0.0008	-0.0001	减少	持续减小
惠州市	-0.0070	-0.0038	-0.0118	0.0080	减少	持续减小
汕尾市	-0.0026	-0.0022	-0.0043	0.0021	减少	持续减小
东莞市	-0.0009	-0.0009	-0.0014	0.0005	减少	持续减小
珠海市	-0.0033	-0.0037	-0.0035	-0.0002	减少	持续减小
江门市	-0.0023	-0.0037	-0.0016	-0.0021	减少	持续减小
中山市	-0.0015	-0.0023	-0.0009	-0.0014	减少	持续减小
阳江市	-0.0028	-0.0021	-0.0050	0.0029	减少	持续减小
湛江市	-0.0044	-0.0038	-0.0065	0.0027	减少	持续减小
茂名市	-0.0012	-0.0012	-0.0016	0.0004	减少	持续减小
钦州市	-0.0020	-0.0011	-0.0037	0.0026	减少	持续减小
防城港市	-0.0036	-0.0024	-0.0041	0.0017	减少	持续减小
北海市	-0.0055	-0.0070	-0.0041	-0.0029	减少	持续减小
海口市	-0.0017	-0.0025	-0.0001	-0.0024	减少	持续减小
三亚市	-0.0030	-0.0037	-0.0036	-0.0001	减少	持续减小

（2）中国沿海城市亲海空间安全环境恶化区域与经济发展存在一定的负相关。

为了研究中国沿海城市亲海空间安全环境空间分布的特点，将1990年、2001年和2012年中国沿海城市亲海空间安全环境指数，按照自然断点间隔法将亲海空间安全环境划分为五类，具体划分标准如表5-18所示。该分类体系中的亲海空间安全环境值范围为标准化模糊综合评判的结果，其值无绝对的现实意义，只是为了便于研究。

表5-18　中国沿海城市亲海空间安全环境分类表

类别	亲海空间安全环境值范围	区间内的城市个数		
		1990年	2001年	2012年
Ⅰ	0.73～0.82	6	1	0
Ⅱ	0.65～0.73	15	14	8
Ⅲ	0.57～0.65	23	26	24
Ⅳ	0.48～0.57	6	9	15
Ⅴ	0.40～0.48	0	0	3

为了反映研究区内沿海城市亲海空间安全环境的空间分布形态，按照表5-18绘制出1990年、2001年和2012年的亲海空间安全环境空间分布图。对比图5-26～图5-28可知，1990年中国沿海城市亲海空间安全环境Ⅰ类区主要分布于山东威海、福建和广东交界处，以及广西，2001年Ⅰ类区范围缩小，只剩潮州，2012年Ⅰ类区消失；1990年Ⅱ类区主要分布于渤海湾周边、江苏、广东的沿海城市，2001年渤海湾周边Ⅱ类区范围缩小，福建出现Ⅱ类区域，2012年Ⅱ类区范围逐渐缩小，于全国范围零散分布；Ⅲ类区1990年集中分布于浙江的沿海城市，2001年范围逐渐扩大，遍布全国，2012年集中分布于环渤海周边、福建、广东、广西的沿海城市；Ⅳ类区在1990年、2001年均为零散分布，2012年出现长江入海口集中分布区；Ⅴ类区在1990年和2001年均未出现，2012年Ⅴ类区为上海、天津、青岛等地。综合来看，中国沿海城市亲海空间安全环境与社会经济发展水平呈一定的负相关。

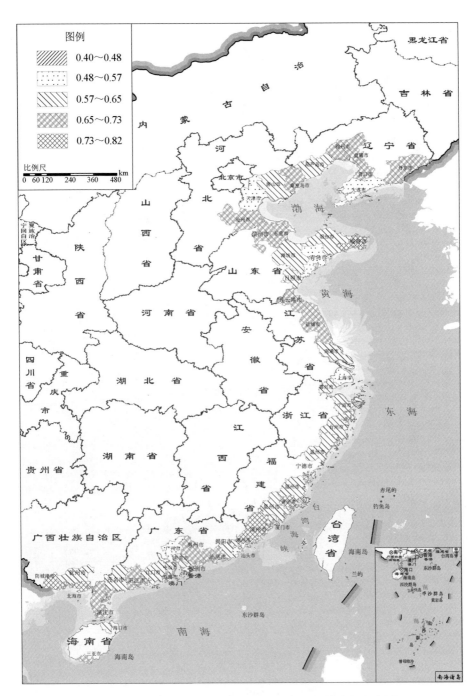

图 5-26　1990 年中国沿海城市亲海空间安全环境空间分布图

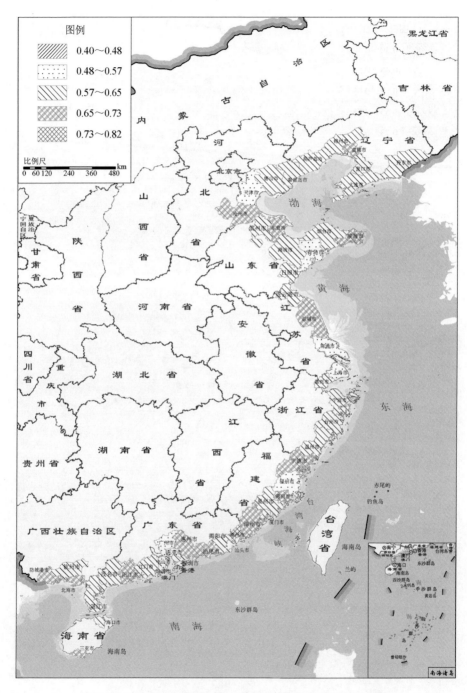

图 5-27　2001 年中国沿海城市亲海空间安全环境空间分布图

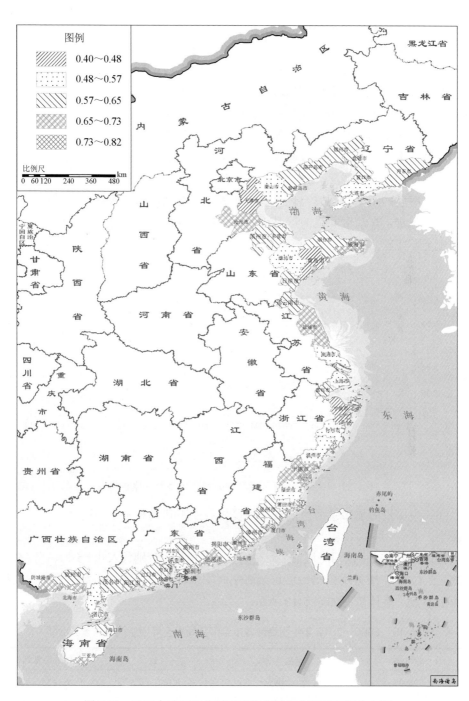

图 5-28　2012 年中国沿海城市亲海空间安全环境空间分布图

（3）中国沿海城市和海区亲海空间安全环境空间差异呈下降趋势，南海区内部差异波动减小。

（a）海区内沿海城市亲海空间安全环境的空间差异不明显。

通过分别计算三个海区内沿海城市亲海空间安全环境指数的平均值，分析其变化规律。如图 5-29 所示，中国沿海地区不同的海区范围，在 2000～2012 年城市亲海空间安全环境基本相等，差异不明显。从时间演变来看，中国三个海区内的沿海城市亲海空间安全环境整体变化趋势一致，均呈下降趋势。各海区间下降趋势时空变化差异较明显，2001 年以前，南海区最好，其次是北海区；2001 年以后，三个海区的亲海空间安全环境基本相等，东海区和南海区处于波动状态，北海区基本稳定。东海区和南海区易受台风、风暴潮等突发性气象灾害的影响，故空间安全环境较北海区差。

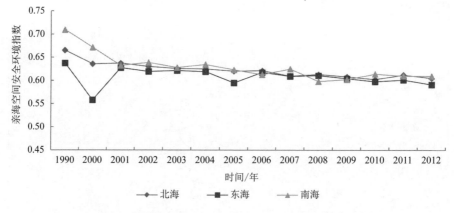

图 5-29　中国三大海区亲海空间安全环境的变化趋势图

（b）中国沿海城市亲海空间安全环境相对差距和绝对差距不断减小，空间差异减小。

将计算得到的中国沿海城市亲海空间安全环境指数分别代入式（5-1）、式（5-2）和式（5-4）中，求得中国沿海城市亲海空间安全环境的标准差指数、变异系数和总锡尔系数，具体情况如表 5-19 所示。

表 5-19　2000～2012 年中国沿海城市亲海空间安全环境空间分布差异分析

时间/年	标准差指数	变异系数	总锡尔系数
2000	0.095	0.148	0.147
2001	0.087	0.136	0.144

续表

时间/年	标准差指数	变异系数	总锡尔系数
2002	0.087	0.136	0.204
2003	0.088	0.139	0.144
2004	0.084	0.134	0.145
2005	0.085	0.140	0.137
2006	0.084	0.140	0.142
2007	0.085	0.136	0.144
2008	0.088	0.146	0.146
2009	0.076	0.125	0.140
2010	0.078	0.129	0.148
2011	0.084	0.138	0.138
2012	0.082	0.136	0.133

因 2000 年以前的数据无法准确获取，本节只研究 2000～2012 年中国沿海城市亲海空间安全环境的空间分布差异。由表 5-19 可见，2000～2012 年中国沿海城市亲海空间安全环境的标准差指数和变异系数不断下降，表明中国沿海城市亲海空间安全环境相对差距和绝对差距整体下降。从下降幅度来看，标准差指数并非逐年下降，而是在 0.76～0.95 波动；变异系数变化过程与标准差指数基本相同，在 0.125～0.148 波动；总锡尔系数变化整体呈下降趋势，表明中国沿海城市亲海空间安全环境差异不断减小。由此可见，2000～2012 年中国沿海城市亲海空间安全环境差异处于波动且减小的变化中。

（c）中国海区亲海空间安全环境空间分布差异逐渐减小，南海区内部差异较显著，整体呈减小趋势。

根据式（5-3）和式（5-4）计算各海区的亲海空间安全环境分解的锡尔系数（表 5-20），按照其空间分解特性，中国沿海城市亲海空间安全环境差异由北海、东海和南海三个海区内部差异和三个海区之间的海区差异两部分组成。根据图 5-30 分析可知，南海区亲海空间安全环境内部差异最大，贡献率大于 0.7，最高达 0.869；北海区略大于东海区，保持稳定状态。从区际来看，2000～2012 年中国东海、南海、北海区际差异变动幅度很小，其值在 0.002～0.005；从总体差异来看，中国沿海城市亲海空间安全环境空间分布差异基本呈下降趋势。综合来看，南海区的差异是中国海区亲海空间安全环境整体差异的主要贡献者。

表 5-20　中国沿海城市亲海空间安全环境海区差异演化及分解

时间/年	总差异	锡尔系数				贡献率			
		北海	东海	南海	区际	北海	东海	南海	区际
2000	0.147	0.006	0.012	0.128	0.002	0.038	0.081	0.869	0.012
2001	0.144	0.015	0.017	0.106	0.005	0.105	0.121	0.739	0.034
2002	0.146	0.016	0.015	0.110	0.005	0.109	0.105	0.751	0.035
2003	0.144	0.016	0.017	0.108	0.004	0.111	0.115	0.746	0.027
2004	0.145	0.016	0.016	0.108	0.005	0.112	0.111	0.745	0.032
2005	0.137	0.018	0.013	0.102	0.005	0.131	0.094	0.740	0.034
2006	0.142	0.020	0.018	0.099	0.004	0.140	0.130	0.699	0.031
2007	0.144	0.018	0.016	0.106	0.005	0.127	0.108	0.731	0.033
2008	0.146	0.020	0.017	0.103	0.005	0.141	0.120	0.707	0.032
2009	0.140	0.018	0.014	0.103	0.005	0.127	0.100	0.737	0.036
2010	0.148	0.017	0.012	0.114	0.004	0.118	0.083	0.770	0.029
2011	0.138	0.014	0.012	0.107	0.004	0.103	0.090	0.781	0.026
2012	0.133	0.012	0.011	0.106	0.004	0.092	0.084	0.797	0.028

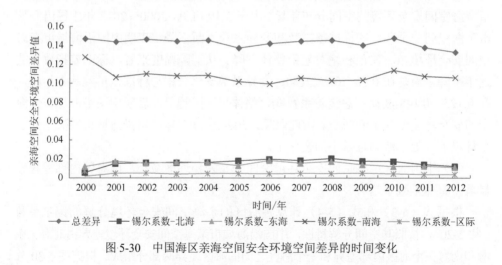

图 5-30　中国海区亲海空间安全环境空间差异的时间变化

5.3　亲海人居环境时空演变驱动机制

中国海岸线漫长，沿海城市的地理位置、自然环境、社会经济环境、文化氛围以及海域开发程度等各方面的差异，造成中国沿海城市亲海人居环境分布存在不同的时空格局。人居环境包括自然环境和社会经济环境，亲海人居环境是人居环境的一种，是因人类亲海居住需求而产生的聚居环境，亲海活动是亲海人居环境重要的影响因素。

5.3.1　自然环境

自然环境是人居环境之根本，人居环境中的自然环境包括气候环境、地质地貌条件、水文环境以及绿化等因素。随着人类社会经济的不断发展，人类对自然的需求逐渐提高到身体放松、精神需求层面。因地表下垫面的不同，会产生"城市热岛环流"，形成城市小气候，对人类的居住活动产生巨大的影响。气候包括气温、湿度、风、热辐射、紫外线等，气候各要素相互间配置较好，才能适宜人类的居住。李雪铭于 2003 年研究了城市人居环境适宜居住的气候要素标准（表 5-21），从气温、湿度、风、日照、特殊天气五个方面选取 20 个指标，构建了很适宜、适宜和较适宜标准。

中国沿海城市主要被新华夏构造控制，大陆海岸线在平面上呈"S"形，延伸方向为北东—西南向，这样的构造导致中国沿海城市主要地貌类型为山地丘陵和平原海岸。以杭州湾为界，中国南部沿海城市的地质构造以持续上升为主，在地貌上多为山地丘陵海岸，海岸曲折，以侵蚀为主。北部沿海城市的地质构造以下降为主，如辽东湾、莱州湾和渤海湾等，在地貌上多为平原海岸，海岸地形单调、缓坦，海岸线平直，海滩辽阔，海岸以淤积为主。丘陵地貌影响了城市整体轮廓和布局、城市道路的建设和走向以及大气污染的排放状况。

水文因素为城市水源地、内河交通的重要组成部分，且具有提高城市人居环境的作用，如上海的黄浦江、广州的珠江等。但是水体发生突变或者环境污染等，也会直接影响人居环境，中国沿海城市亲海自然景观环境在珠江三角洲、长江三角洲出现了恶化速度明显加快的情况。

表 5-21　适宜居住的气候因素标准

子系统	因子	很适宜	适宜	较适宜
气温	年平均气温/℃	=14	12~14 或 14~16	<12 或>16
	气温年较差/℃	≤20	20~27	>27
	7 月平均最高气温/℃	≤28	28~32	>32
	1 月平均最高气温/℃	≥0	−5~0	<−5
	年平均气温日较差/℃	≤8	8~10	>10
	日最高气温≥35℃年日数/天	≤0.5	0.5~9	>9
	日平均气温稳定≥10℃年初终间日数/天	≥225	195~225	<195

子系统	因子	很适宜	适宜	较适宜
湿度	年平均相对湿度/%	60~65	50~60 或 65~75	<50 或>75
	年平均降水量/mm	600~800	400~600 或 800~1000	<400 或>1000
	降水≥25mm 年日数/天	≤3	3~8	>8
	积雪初终间日数/天	≤5	5~60	>60
风	年平均风速/(m/s)	≤1.8	1.8~2.5	>2.5
	最大风速/(m/s)	≤16	16~23	>23
	春季平均风速/(m/s)	≤2.3	2.3~2.8	>2.8
日照	年平均日照时数/h	2200~2500	2000~2200 或 2500~2800	<2000 或>2800
	年平均总云量/(1/10)	≤5	5~6.5	>6.5
	年晴天日数/天	≥80	65~80	<65
特殊天气	雾天年日数/天	≤10	10~20	>20
	大风年日数/天	≤8	8~18	>18
	沙暴年日数/天	=0	0~1	>1

资料来源：李雪铭，2003

5.3.2 经济发展

经济发展是城市人居环境发展的重要因素之一。经济是支撑人居环境条件提高的重要保障，经济水平决定人居环境的发展水平。经济条件可为房地产投资、公共服务设施、医疗水平、教育条件、交通设施等提供重要的财力、物力支撑。由表 5-22 可见，人均 GDP 与亲海人居环境指数有着密切的关系，人均 GDP 越高亲海人居环境指数越高。1990 年人均 GDP 排名第 1 的上海市，其亲海人居环境指数排名为 42；2001 年上海市人均 GDP 排名则第 2，而亲海人居环境指数排名仅提高至 37 位；2012 年上海市人均 GDP 排名第 4，人居环境指数排名提高至第 9。以上海市来看，随着人均 GDP 排名下降，其亲海人居环境指数排名呈上升趋势。深圳市人均 GDP 排名一直位居前两位，而亲海人居环境指数则排名逐渐提高，由 1990 年的第 11 位提高至 2012 年的第 9 位。由此可见，并非经济条件越好，亲海人居环境质量越高。经济条件与居住条件相匹配，亲海人居环境指数才会越高，即适度经济才能提高人居环境和指数。

表 5-22　人均 GDP 与亲海人居环境指数排名

人均 GDP 排序	亲海人居环境指数排名（括号内的数字）		
	1990 年	2001 年	2012 年
1	上海市（42）	深圳市（9）	广州市（13）
2	深圳市（11）	上海市（37）	深圳市（1）
3	中山市（50）	广州市（34）	唐山市（37）
4	广州市（37）	天津市（44）	中山市（50）
5	天津市（44）	东莞市（47）	上海市（7）
6	唐山市（47）	珠海市（8）	天津市（25）
7	东莞市（49）	唐山市（42）	东营市（5）
8	珠海市（17）	东营市（13）	青岛市（17）
9	厦门市（36）	中山市（50）	东莞市（38）
10	青岛市（39）	盘锦市（38）	莆田市（45）

5.3.3　人口因素

人是亲海人居环境的主体，而亲海人居环境是客体，故人口因素是亲海人居环境的重要因素。人对亲海人居环境的影响表现如下：

（1）人可以创造社会经济效益，可以为亲海人居环境居住条件的提高创造条件；从资本的角度来看，人是生产者，可利用生产资料，创造财富。

人口数量的增多，可带来巨大的经济效益，进而为居住环境的改善创造可能的条件。研究区内 1990～2012 年，年末总人口增加了 4156.9 万人，而生产总值增加了 114 218.08 亿元，增加人口人均可创造经济效益 274 767 元。由图 5-31 可见，1990～2012 年，研究区内年末总人口与沿海地区生产总值均呈现增长趋势。

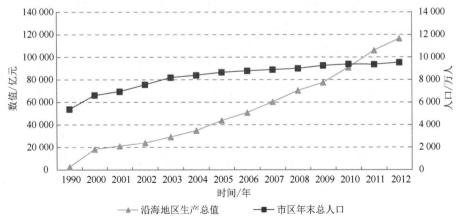

图 5-31　1990～2012 年研究区内年末总人口与沿海地区生产总值变化趋势图

（2）人口向城市聚集，导致城市规模过大，给城市人居环境带来压力；按照年末总人口与亲海人居环境指数的排序来看，城市人口规模越大，亲海人居环境不一定越好。

1990 年，除湛江市外，亲海人居环境排在前 10 名的城市市区年末总人口均低于 50 万，为 20 万~40 万；2001 年，人口过百万的城市中增加了一个深圳市，其亲海人居环境排名为第 10 位；2012 年，百万人口城市少了一个湛江市，增加了盐城市和上海市。这表明随着社会经济的发展以及新型城镇化的逐步实施，各大城市发现了传统城市化造成的城市病，并积极进行整治，使百万人口城市的亲海人居环境质量有所提高（表 5-23）。

表 5-23 沿海城市亲海人居环境指数与市区年末总人口

亲海人居环境指数排序	市区年末总人口/万人		
	1990 年	2001 年	2012 年
1	北海市（20.02）	防城港市（45.92）	深圳市（287.6）
2	威海市（25.74）	潮州市（34.17）	潮州市（35.2）
3	惠州市（23.12）	威海市（52.16）	盐城市（166.8）
4	宁德市（36.37）	惠州市（37.43）	北海市（62.6）
5	湛江市（106.4）	北海市（52.16）	东营市（83.6）
6	防城港市（38.84）	莆田市（36.3）	湛江市（163.3）
7	漳州市（34.09）	宁德市（41.3）	上海市（1358.4）
8	三亚市（36.29）	珠海市（43.61）	威海市（65.6）
9	莆田市（30.49）	深圳市（124.92）	防城港市（54.4）
10	汕尾市（34.56）	湛江市（139.94）	汕尾市（52.2）

（3）人类居住需求是居住环境发展的导向，需求的提高对人居环境提出更高的要求。

人的社会属性发生变化，如学历、视野、年龄、社会阅历等发生变化，其居住需求也会发生巨大变化，引导人居环境发展评价指标体系的改变。

5.3.4 海洋开发利用

海洋开发利用对亲海人居环境影响较大，不同的用海类型和用途对人居环境的影响也不同。按照评价标准主要从自然环境、社会经济环境、居住设施环境以及居住空间安全环境四个角度来分析。

1.　对自然环境的影响

（1）对水文环境的影响。海洋开发利用对水文环境的影响主要有改变海水动力环境、海岸线沉积环境和增加水质污染。大规模的围填海工程截弯取直，造成海湾面积减小，极大程度缩小海湾的纳潮量，张立奎（2012）的研究表明：自 1975 年以来，由于大面积围填海造成渤海湾面积减少了约 1700km^2，相当于 1975 年渤海湾面积的 15%。潮流是塑造海域深水航道的主要动力因素，纳潮量的减少加速了航道的缩窄和淤浅，影响附近泥沙的侵蚀-搬运-沉积作用。

大型港口工程及其他突入海中的人工建筑物，包括突堤码头、栈桥码头、伸向海中的防波堤及人工填筑区等与自然岸滩形成岬角港湾，在人工岬角处波浪辐聚，波能集中，对岸线造成侵蚀；在港湾处随着波浪辐散及水深变浅，波能扩散，波浪挟沙力亦有所降低，泥沙逐渐沉积，促使港湾处岸滩发育；大规模、不均衡的采砂活动会导致陆架或河床下切，加剧海岸侵蚀。据《2011 年中国海洋环境状况公报》统计，辽宁省东西部砂质海岸大部分遭受侵蚀，其中，六股河口至绥中南江屯岸段海岸侵蚀最为严重，侵蚀速率为 3～5m/a。其侵蚀的主要原因是海上采砂的兴起，绥中海岸又呈现加剧趋势，尤其是在六股河口外海砂的大量开采，是造成海岸侵蚀加剧的主要原因。海砂开采造成的海岸侵蚀如图 5-32 所示。

(a) 2006年7月　　　　　　(b) 2009年8月

(c) 2011年8月　　　　　　(d) 2012年6月

图 5-32　绥中县南江屯海岸侵蚀

大规模的填海工程使得海水交换能力变差，近岸海域水环境容量下降，削弱了海水净化纳污能力。一些填海造地项目占用了浅海养殖区，围填海区域工业和生活污水的排入，直接污染密集的水产养殖水域，加剧海域污染，使得近岸水环境容量下降。如大连市的大连湾、普兰店湾、青堆子湾等重点污染海域皆与大规模的填海有关。南方部分地区过度养殖抢占了红树林的大片生存空间，降低了红树林在维护和改善湿地生物多样性、抵御海潮、风浪等自然灾害方面的作用以及红树林湿地污水净化的功能，极易造成水体有机物污染和富营养化。

（2）对自然景观环境的影响。海洋开发利用对自然景观破坏严重，主要表现为红树林、珊瑚礁和滨海湿地的减少等。

由于人们对红树林生态价值认知程度不断提高，加上红树林的独特景观，有关部门对红树林岸线资源的旅游开发力度不断加大，但是一些不良的行为，造成了红树林岸线的改变。海域开发对红树林的主要影响为因过度、无序开发造成红树林面积减少。20世纪60～70年代，中国片面强调农业土地开发，实行大规模、有计划的围海造田，导致历史上最严重的红树林直接破坏，例如，海南岛1983年红树林面积减少了52%。据"中国近海海洋综合调查与评价"显示，与20世纪50年代相比，中国红树林面积丧失了73%，由5.5万hm^2减至1.5万hm^2。一些旅游用海占用红树林，旅游区内船舶的频繁来往，客运快艇马力大、速度快、航次频繁，造成的波浪远远超过潮汐，使得滩涂上的淤泥不断地被冲刷流失，造成靠近航道的红树林因根基不稳而死亡。例如，在福建省九龙江口浮宫镇霞郭村，红树林由于受到过往快艇引起的波浪冲击，根部外露，出现严重的退化现象，自2001年以来，该区域红树林已后退近30m。

中国珊瑚礁主要分布于海南岛和台湾岛。由于活珊瑚含有的杂质较少，一些生产水泥的工厂利用珊瑚礁作为石灰石的原料，在很多地区珊瑚礁被用来建房或者铺路，珊瑚礁还被利用来修建养殖塘。此外，珊瑚礁因其华贵的外表、多变的形状与色彩深受人们的喜爱，具有很高的观赏价值。然而近年来，据澳大利亚研究理事会珊瑚礁研究中心和中国科学院南海海洋研究所2012年底发布的报告显示，20世纪90年代以来中国经济蓬勃发展，但沿海珊瑚礁出现惊人退化，锐减至80%以上，破坏和流失规模触目惊心。报告中提到，1997～2002年，南海海域中的近海环礁和群岛珊瑚礁覆盖率已从平均60%下降至20%左右，珊瑚礁大规模缩小，主要是中国积极扩张经济所带来的沿岸开发、环境污染以及过度捕捞所致。

《2011年中国海洋发展报告》研究发现，由于围垦、筑坝等海岸带不合理开发活动，已导致中国滨海湿地生态环境严重破坏和丧失。报告指出，20世纪90年代以来，中国滨海湿地以每年2万多hm^2的速度减少，潮间带湿地已累计丧失57%。目前黄海南部和东海沿岸湿地生态服务功能已下降30%～90%。

（3）对生态环境的影响。中国海洋开发用海项目有许多位于河口、入海口、浅水湾等生态系统脆弱区域，因为缺乏合理的认识和规划，大规模围填海活动致使这些重要的生态系统严重退化。由上节内容可见，中国沿海红树林、珊瑚礁和湿地生态系统均发生了破坏。有些填海造地用海占用海洋生物的生存环境，使原有的一些珍稀物种失去生存空间，导致生境和物种多样性减少，结构逐渐退化，海岸带生态系统趋于单一的状态，削弱了生态系统自我调节的能力，降低海岸带生态系统的稳定性。如天津滨海湿地一半以上已被改造为生物种群较为单一、生态功能较为低下的人工湿地；厦门市杏林湾海堤和马銮湾海堤、珠海市唐家湾的十里海堤和乐清湾内的大规模填海工程、葫芦岛市龟山岛附近 7km 长的围海海堤等，都是围填海活动造成海岸线破坏受损的例证。

2. 对社会经济环境的影响

海洋开发利用对社会经济的发展作用是巨大的。2012 年全国海洋生产总值 50 045.2 亿元，占沿海地区生产总值的 15.84%，成为沿海城市国民经济增长的重要组成部分。海洋开发利用在提高经济发展水平的同时，解决了部分就业问题，增加了社会的就业率。2012 年全国涉海就业人员 3468.8 万人，比上年增长 47.1 万人。

中国海洋开发利用带来的经济效益较大的用海类型为滨海旅游业和海洋交通运输业。滨海旅游资源是沿海城市滨海旅游业发展的重要保障。据国家海洋局海域管理数据显示，截至 2014 年年底，中国累计确权的旅游娱乐用海面积达 35 272.1hm^2，占中国确权海洋开发利用面积的 0.43%；中国累计确权的交通运输用海面积达 137 880.85hm^2，占中国确权海洋开发利用面积的 1.68%。中国海域开发的主要用海类型为工业用海和渔业用海，两者确权面积占中国海域开发总面积的 95.8%。由此可见，中国滨海旅游业开发的经济效益最高，其次是交通运输业用海，工业用海与渔业用海较低。

3. 对居住设施环境的影响

交通运输用海、港口用海等的海洋开发利用，增加了沿海城市的交通运输条件，为海外贸易提供了可能机会，同时提高了海外交流的媒介，提升了城市形象，提高了对外开放力度；旅游娱乐用海的开发利用，从一定程度上改变了居住环境，并满足了沿海城市居民的旅游娱乐更高层次的需求；工业用海中电力工业用海的开发利用，可为人类生活和发展提供电力资源，为城市居民环境提供电力保障；排污倾倒用海为城市生活垃圾提供了解决途径，从一定程度上满足了城市居住环境的资源循环。

4. 对居住空间安全环境的影响

（1）拓展居住空间。建设填海造地用海可拓展人类的生存空间，填海造地用海被开发为房地产，可提高和改善居住环境，缓解人口过分聚集带来的城市居住环境压力。另外，海洋产业迅速发展，提高了国民生产总值，对城市经济和居住环境发展产生重要的积极促进作用。截至 2014 年年底，中国累计确权的造地工程用海面积达 45 825.04hm²，占中国确权海洋开发利用面积的 0.56%。

另外，海洋开发利用也延长了亲海岸线的长度，尤其是岸线防护工程的实施，整治了环境脏乱差的盐滩、垃圾场等。如大连市星海广场，既增加了城市的旅游吸引力，提高了经济效益，也美化了环境。

（2）居住安全的影响。海岸生态系统尤其是滨海湿地生态系统在防潮削波、蓄洪排涝等方面起着至关重要的作用，是内陆地区良好的自然屏障。大规模的围填海工程会改变原始岸滩的地形地貌，破坏滨海湿地生态系统，削弱海岸带的防灾减灾能力，使海洋灾害破坏程度加剧。虽然通过围填海修建堤坝也能起到一定的防护作用，但实际效果比自然海岸差得多。如山东省无棣县、沾化县的围填海工程使其岸线向海洋最大推进了数十公里，潮间带宽度锐减，1997 年和 2003 年两县连续遭受特大风暴袭击，直接经济损失超过 28 亿元，如此密集和大规模的海洋灾害是当地历史上绝无仅有。2011 年 10 月，海南省人大常委会就《海南省实施〈中华人民共和国海域使用管理法〉办法》贯彻实施情况调研报告指出，乐东县龙栖湾海滩被海水侵蚀，岸线在 11 年内后退了约 200m，数十间房屋被毁，且被侵蚀的岸线距西线铁路最短距离约 50m，已经威胁到铁路安全。

另外，海岸线防护工程用海可加强海岸线的防护，减少海洋灾害的损失。截至 2014 年年底，中国累计确权的海岸防护工程用海面积达 3321.39hm²，占中国确权海洋开发利用面积的 0.56%。

第6章 结论与建议

6.1 主 要 结 论

（1）明确亲海人居环境的概念，分析亲海人居环境系统的构成要素和特点，构建突显"海洋"特点的亲海人居环境评价指标体系。

本书从"亲海"的视角分析海洋开发与人类居住的关系，研究沿海城市人居环境，提出亲海人居环境的概念：人类亲海活动影响下的人居环境的一个集合体，是人居环境中与人类亲海活动密切相关的一种聚居环境。亲海人居环境系统是一个开放性的系统，与系统外部存在物质、能量和信息的交流，具有整体性与地域性、多变性与稳定性和强烈人工性的特点。通过亲海活动的特点以及对人居环境的影响分析，界定亲海空间的范围是以海岸线为界，向陆延伸至 20km，向海至领海基线以外延伸 12n mile 处，亲海居住空间位于亲海空间内，为亲海空间的一部分，一般是以行政中心为中心形成聚居区。在此基础上，综合考虑海岸带开发对城市人居环境组成要素的影响，及其相互间的关系，本书从自然景观、社会经济、居住设施和空间安全四个方面，选取了突显"海洋"特点的 36 个评价指标，构建亲海人居环境评价指标体系。

（2）1990～2012 年，中国沿海有 37 个城市亲海人居环境呈优化状态，13 个城市处于恶化状态，最高优化速度高于最高恶化速度。

本书采用多层次模糊综合评判方法构建亲海人居环境评价模型，通过收集 1990～2012 年中国沿海城市及海岸带开发的数据，对中国沿海 50 个城市进行实证研究，结果显示：1990～2012 年，中国沿海有 37 个城市亲海人居环境指数呈增长趋势，13 个城市的亲海人居环境指数呈下降趋势。其中，亲海人居环境指数增长最快的城市为上海市，年均增长约 0.005，而下降最快的城市为莆田市，年均下降约 0.001，远小于最快增长速度。13 个恶化趋势的城市主要分布于辽宁省和浙江省，且辽宁省（大连市除外）和浙江全省均属于恶化状态。另外，中国沿海城市亲海人居环境四类评价指标发展趋势不同。亲海自然景观环境和亲海空间安全环境均处于恶化状态，但恶化的速度有所减缓，秦皇岛市、上海市、台州市等城市出现改善现象；而亲海社会经济环境和居住设施环境则处于优化状态，优化速度也不断加快，盐城市、潮州市、钦州市等城市出现减缓趋势。

（3）中国沿海城市亲海人居环境空间分布差异不断减小，1990～2001年空间上处于离散分布状态，2001年之后空间分布趋于集中，至2012年时形成了两大优化集中分布区：山东半岛和珠江三角洲。

本书采用标准差指数、变异系数和锡尔系数方法，研究中国沿海城市亲海人居环境空间分布的差异，结果显示：标准差指数维持在0.04～0.48，处于波动减小趋势，而变异系数维持在0.095～0.12，基本呈下降趋势，表明中国沿海城市亲海人居环境空间分布差异不断减小；对比1990年、2001年和2012年的中国沿海城市亲海人居环境空间分布，1990年和2001年评价结果为优的城市较少，且零散分布，2001年之后空间分布趋于集中，至2012年时出现了两大集中分布区，即山东半岛和珠江三角洲。

另外，对比1990年、2001年和2012年中国沿海城市亲海人居环境四类评价指标空间分布有所不同。亲海自然景观环境最优区处于山东半岛和辽南地区，亲海社会经济环境最优区处于上海、天津、广州、深圳等一线发达地区；亲海居住设施环境最优区主要位于珠江三角洲的城市群；而亲海空间安全环境最优区主要位于闽粤交界处和广西的沿海城市。除亲海社会经济环境外，其余三类指标的空间差异均处于减小趋势。从集中区的形成来看，除亲海自然景观环境外，其余三类指标的空间聚集区正在形成。

（4）海岸带开发是影响沿海城市亲海人居环境发展的最重要因素，改善社会经济环境和居住设施环境，破坏亲海景观环境和空间安全环境。

本书从自然环境、经济发展、人口因素和海岸带开发四个方面，对中国沿海城市亲海人居环境发展关系进行分析，结果表明：海岸带开发活动主要破坏沿海城市自然景观环境中的水质和自然、脆弱的生态系统及敏感的环境；海洋开发利用提高了沿海城市的地区生产总值，增加社会就业，2012年，中国海洋生产总值已占地区生产总值的15.84%，全国涉海就业人员达3468.8万人；海域交通运输用海、港口用海、旅游娱乐用海、电力工业用海、排污倾倒用海从一定程度完善了城市的交通、休闲娱乐、生活用电和垃圾的处理，提高了居住设施水平；填海造地用海拓展了人类的居住空间，至2014年年底，中国累计确权的造地工程用海面积达45 825.04hm²，而大规模的围填海工程改变了原始岸滩的地形地貌，增加了海洋灾害威胁。

6.2 几点建议

（1）通过政策积极引导海洋开发活动，促进亲海人居环境协调发展，同时减少生态环境破坏与污染。

通过亲海人居环境的研究，可以明确海洋开发活动对人居环境的发展具有重要的作用。首先，海洋开发活动带来的经济效益，提升了居住环境的社会经济发展水平，同时也改善了居住设施条件，但是海洋开发活动对人居环境也具有破坏和抑制作用，即破坏海洋生态环境，增加海洋安全威胁。政府部门应通过宏观政策引导，积极推进有益于提高人居环境质量的海洋开发活动，限制或者杜绝高污染、高破坏生态环境的海洋开发活动，实现海洋开发活动、海洋生态环境以及人居环境的协调发展。

（2）完善居住环境基础设施建设，提高公共服务水平，平衡城市规模扩大带来的居住需求，实现生态宜居的目标，推进新型城镇化进程。

新型城镇化强调以人为核心，改变过去一味追求"摊大饼"式的城市空间扩张，注重城市大规模发展的传统城镇化，要提升城市文化、公共服务等水平，使得城镇成为较高品质的宜居之所。传统城镇化以及中国目前现行的户籍及医疗福利制度，不利于中国新型城镇化的推行。从人居环境的角度来看，首先要平衡城市规模扩张后带来的居住需求，完善居住环境基础设施，满足其居住需求；其次是降低户籍准入标准，加速有条件居民的城镇化；最后是取消或者抑制不公平的教育、医疗、福利等服务，实现公平公共服务水平。

（3）加快推进海洋高新技术产业发展，弘扬海洋文化，提高居民素养，促进城乡居民融合。

科学技术是第一生产力，在海洋开发活动中应该积极采用新技术，提高海域使用效率和使用价值，减少海洋污染及环境破坏，推动海洋高新技术产业的快速发展；积极弘扬和宣传海洋文化，发展海洋文化产业，增加海洋利用的高附加值产业；努力提高居民的文化素养，促进新型城镇化的城乡融合，加快推进新型城镇化建设。

（4）加强海洋灾害安全防御措施，提高安全预警，将灾害危险和损失降低到最小，提高亲海人居环境安全保障。

海洋开发活动多是在海岸线附近，一些填海工程往往直接破坏海岸带原有的生态系统和基本的自然属性，首先，应该加强海洋开发的防护措施，加强岸线防护工程建设；然后，要完善海洋灾害安全预警机制，提前灾害预测并进行灾害预报，减少海洋灾害的损失；最后，要提高海外作业及沿岸居民的防灾意识，加强海洋灾害知识学习，增强海洋灾害的自我营救及相互帮助的能力，加强沿海居民灾害应对能力，提高亲海人居环境的安全保障。

参 考 文 献

蔡保全. 1998. 从贝丘遗址看福建沿海先民的居住环境与资源开发. 厦门大学学报(哲学社会科学版), 3: 106-111.

蔡程瑛. 2010. 海岸带综合管理的原动力. 北京: 海洋出版社.

陈浮, 陈海燕, 朱振华, 等. 2000. 城市人居环境与满意度评价研究. 人文地理, 4: 20-23, 29.

陈倩倩, 马军山. 2012. 城市河道亲水景观研究——以宁海徐霞客大道大溪两岸景观设计为例. 中国城市林业, 1: 22-24.

陈劭光. 2004. 滨海城市"文化生态"的塑造——厦门城市景观文化性及地域性思考. 福建建筑, 1: 10-12.

陈太政. 2004. 城市滨水区旅游游憩功能的开发研究——以开封市为例. 河南大学学报(自然科学版), 34(4): 77-82.

丛磊, 徐峰. 2007. 现代释义的亲水规划设计的概念性研究——以北京什刹海景区亲水活动调查为例. 山东农业大学学报(自然科学版), 38(4): 619-623.

邓南荣, 张金前, 冯秋扬, 等. 2009. 东南沿海经济发达地区农村居民点景观格局变化研究. 生态环境学报, 18(3): 984-989.

邓宁华, 陈华康. 2007. 下沙村的居住分化. 福建省社会学 2007 年会论文集, 厦门: 261-280.

丁利楠, 张明君. 2013. 滨水人居环境中亲水行为初探——以浑河为例分析. 城市建设理论研究(电子版), (16).

丁圆. 2010. 滨水景观设计. 北京: 高等教育出版社.

杜春兰, 代劼. 2002. 滨水景观设计. 时代建筑, 1: 29-31.

樊平. 2010. 浅析现代城市亲水空间的营造. 城市, 7: 43-45.

冯兵. 1991. 居住区环境质量的综合评价. 城市规划学刊, 4: 32-35.

韩增林, 刘桂春. 2003. 海洋对中国沿海地区可持续发展的贡献度、作用机制与相关对策研究. 辽宁省哲学社会科学获奖成果汇编(2003~2004 年度).

胡绍学, 陈曦, 宋海林, 等. 2004. 中国近代滨水区旅游开发中的城市设计总体构思——烟台近代滨海景区更新研究. 建筑学报, 5: 21-25.

黄建华. 2012. 城市公园亲水空间安全性研究. 成都: 四川农业大学.

黄勇, 赵万民. 2008. 哥本哈根人居环境变迁研究. 建筑科学与工程学报, 25(2): 120-126.

霍兵. 2010. 走向一个科学发展的城市区域——天津滨海新区人居环境规划建设的思路. 城市与区域规划研究, 3(3): 15-56.

江依娜. 2010. 论太湖流域古镇亲水空间人居环境的设计. 苏州: 苏州大学.

金广君. 1994. 日本城市滨水区规划设计概述. 城市规划, 18(4): 45-49.

孔冬. 2009. 沿海发达地区流动人口居住现状及需求发展趋势——基于浙江省嘉兴市的个案研究. 中国人口科学, 1: 104-110, 112.

李国敏，王晓鸣. 1999. 城市滨水区的开发利用与立法思考——以汉口沿江地段为例. 规划师，15(4)：124-127.

李建宏，李雪铭. 2010. 大连海洋文化对城市人居环境的影响研究. 海洋开发与管理，27(5)：21-25.

李琳. 2005. 城市滨水地带亲水空间规划设计研究. 武汉：武汉大学.

李麟学. 1999. 城市滨水区空间形态的整合. 时代建筑，3：83-87.

李佩蓉，谢杰雄. 1999. 亲水步行区——城市的特色空间——湛江市"金海岸"观海长廊景观规划方案设计手记. 中国园林，3：24-25.

李帅. 2011. 亲水·空间·融合. 长春：长春工业大学.

李雪铭. 2010. 地理学视角的人居环境. 北京：科学出版社.

李应济，张本. 2007. 海洋开发与管理读本. 北京：海洋出版社.

林蔚. 2013. 城市滨河湿地公园的亲水设施设计研究. 北京：中国林业科学研究院.

刘滨谊. 2006. 城市滨水区景观规划设计. 南京：东南大学出版社.

刘滨谊. 2013. 自然与生态的回归——城市滨水区风景园林低成本营造之路. 中国园林，29(8)：13-18.

刘春艳，彭兴黔，赵青春. 2010. 沿海城市住宅小区风环境研究. 福建建筑，7：15-17.

刘塨. 2002. 滨海人居环境研究——关于泉州的建筑学课题. 福建建筑，2：14-16.

刘健. 1999. 城市滨水区综合再开发的成功实例——加拿大格兰威尔岛更新改造. 国际城市规划，1：36-38.

刘俊杰，龙明东. 2007. 城市滨水空间设计模式探析. 山西建筑，33(2)：9-10.

刘颂，刘滨谊. 1999. 城市人居环境可持续发展评价指标体系研究. 城市规划汇刊，5：14-80.

刘贤赵，张安定，李嘉竹. 2009. 地理学数学方法. 北京：科学出版社.

刘雪梅，保继刚. 2005. 国外城市滨水区再开发实践与研究的启示. 现代城市研究，20(9)：13-24.

刘耀林. 1999. 城市环境分析. 武汉：武汉测绘科技大学出版社.

刘云. 1999. 上海苏州河滨水区环境更新与开发研究. 时代建筑，3：23-29.

路毅. 2007. 城市滨水区景观规划设计理论及应用研究. 哈尔滨：东北林业大学.

马占东，王凯，杨俊. 2012. 滨海石化产业建设与城市人居环境发展研究——以辽宁省为例. 海洋开发与管理，29(9)：43-45.

日本河川治理中心. 2005. 滨水地区亲水设施规划设计. 苏立英译. 北京：中国建筑工业出版社.

日本土木学会. 2002. 滨水景观设计. 孙逸增译. 大连：大连理工大学出版社.

盛起. 2009. 城市滨河绿地的亲水性设计研究. 北京：北京林业大学.

史礼涓. 2014. 浅谈城市河道亲水环境设计——以武威市杨家坝河城区段为例. 工程建设标准化，11：21-24.

帅民曦，邓勇杰. 2003. 滨水空间 创造流动的城市意象——以南宁邕江亲水步行平台广场规划设计为例. 广西城镇建设，7：6-8.

宋序彤. 1998, 建立居住区环境质量评价指标体系. 人类居住，2：1-20.

孙寰. 2000. 城市滨水空间的再塑造——南通市濠河风景旅游名胜区详细规划. 规划师，16(1)：26-31.

孙杰. 2007. 城市中的滨水区景观设计. 芜湖职业技术学院学报，9(1)：38-39.

孙鹏，王志芳. 2000. 遵从自然过程的城市河流和滨水区景观设计. 城市规划，24(9)：19-22.

孙施文，王喆. 2004. 城市滨水区发展与城市竞争力关系研究. 规划师，20(8)：5-9.

邰学东，陈勇，崔宝义，等.2010. 城市滨水区开发与空间形态塑造的规划探讨——以宿迁市市区运河沿线空间形态设计为例. 城市规划，2：93-96.

王宏聪. 2012. 浅谈沿海城市居住建筑形态及其发展趋向.建筑学研究前沿(英文版)，6：363-363.

王建国，吕志鹏. 2001. 世界城市滨水区开发建设的历史进程及其经验. 城市规划，25(7)：41-46.

王江萍. 2004. 基于生态原则的城市滨水区景观规划. 武汉大学学报(工学版)，2：179-181.

王唯山. 2006. 将"湾区"作为滨海城市人居环境发展新载体——以厦门为例. 规划师，22(8)：11-13.

王艳丽，王梦林. 2012. 浅析滨水景观中亲水设施规划与设计. 城市建设理论研究(电子版)，35.

王阳. 2012. 城市户外公共交往场所规划与景观设计——滨水区亲水景观的研究. 城市建设理论研究(电子版)，33.

王仲伟. 2012. 大学校园滨水环境亲水设计研究. 城市建筑，(11)：55-57.

王祝根. 2007. 胶东传统民居环境保护性设计研究. 武汉：华中科技大学.

翁奕城. 2000. 论城市滨水区的可持续性城市设计. 新建筑，4：30-32.

吴殿廷. 2001. 中国三大地带经济增长差异的系统分析. 地域研究与开发，2：10-15.

吴锦燕. 2011. 营造多样性亲水空间，改善滨水区人居环境——以南宁市五象新区环城水系景观设计为例. 沿海企业与科技，6：68-71.

吴峻. 2009. 平乐古镇水岸景观的亲水设施类型的研究. 四川建筑，S1：60-62.

吴相凯. 2010. 城市滨水之亲水景观规划探析. 美与时代(上)，6：95-97.

吴泽春，刘晓明. 2013. 清水河两岸滨水景观亲水环境营造初探. 城市建设理论研究(电子版)，11.

谢永顺. 2014. 城市滨水区亲水景观规划设计. 合肥：安徽建筑大学.

徐永健. 2000. 介绍几本有关滨水区开发规划的专著. 规划师，16(3)：16.

徐永健，阎小培. 2000. 城市滨水区旅游开发初探：北美的成功经验及其启示. 经济地理，20(1)：99-102.

许珂. 2002. 浅析城市滨水区旅游功能的开发. 规划师，18(4)：37-41.

许佩华，过伟敏. 2005. 江南滨水城市的亲水空间. 郑州轻工业学院学报(社会科学版)，6(3)：6-10.

许学强. 1997. 城市地理学. 北京：高等教育出版社.

亚历山大 C，伊希卡娃 S，西尔佛斯坦 M，等. 2002. 建筑模式语言. 周序鸿，王听度译. 北京：知识产权出版社.

颜慧. 2004. 城市滨水地段环境的亲水性研究. 长沙：湖南大学.

杨馥，曾光明，焦胜，等.2005. 城市滨水区的生态恢复研究. 环境科学与技术，28(4)：108-121.

杨国桢. 2004. 海洋世纪与海洋史学. 东南学术，S1：8-10.

杨俊，李雪铭，李永化，等. 2012. 基于 DPSIRM 模型的社区人居环境安全空间分异——以大连市为例. 地理研究, 31(1)：135-143.

杨扬. 2008. 城市滨水环境亲水设施设计的研究. 西安：西安建筑科技大学.

俞孔坚，胡海波，李健宏. 2002. 水位多变情况下的亲水生态护岸设计——以中山岐江公园为例. 中国园林, 1：37-38.

俞孔坚，张蕾，刘玉杰. 2004. 城市滨水区多目标景观设计途径探索——浙江省慈溪市三灶江滨河景观设计. 中国园林, 5：31-35.

袁炯炯，冉茂宇，杨若菡. 2012. 浅谈闽南沿海居住区现代住宅建筑的遮阳设计及技术措施. 华中建筑, 30(9)：25-27.

运迎霞，李晓峰. 2006. 城市滨水区开发功能定位研究. 城市发展研究, 13(6)：113-118.

曾令秋. 2009. 城市滨水地区亲水空间设计研究. 西安：长安大学.

翟建青. 2006. 城市人居环境与产业结构关系定量研究. 大连：辽宁师范大学.

张国辉. 2010. 海水淡化产业化发展现状与对策. 建设科技, 1：59-60.

张焕. 2012. 海洋经济背景下海岛人居环境空心化现象及对策——以舟山群岛新区为例. 建筑与文化, 6：91-93.

张蕾，张伟明，林华. 2012. 寒地城市户外亲水设施规划设计. 装饰, 11：120-122.

张立奎. 2012. 渤海湾海岸带环境演变及控制因素研究. 青岛：中国海洋大学.

张庭伟. 2002. 城市滨水区设计与开发. 上海：同济大学出版社.

张同升，梁进社，宋金平. 2002. 中国城市化水平测定研究综述. 城市发展研究, 2：36-41.

张文博. 2012. 长沙洋湖湿地公园亲水设施浅谈. 今日湖北旬刊, 5.

张耀，张叶. 2010. 浅析亲水设施的地域性设计要素. 中国新技术新产品, 19：116.

张莹，陈亮，刘欣. 2010. 沿海都市步行适宜性城市人居环境因素的灰色关联分析. 环境与健康杂志, 12：1106-1108.

张云. 2009. 大连市人居环境安全空间分异研究. 科技创新导报, 26：121-122.

赵娜. 2010. 浅谈城市亲水空间带的形态设计. 科技创新导报, 9：144.

镇列评. 2000. 汉口沿江滨水区亲水空间研究. 华中建筑, 18(3)：95-98.

周井娟. 2011. 中国主要海洋产业对劳动力就业的拉动效应分析. 工业技术经济, 3：46-51.

朱润钰，甄峰. 2008. 城市滨水景观评价研究初探——以南京市莫愁湖滨水区为例. 四川环境, 27(1)：5-11.

庄惠芳，刘怡君. 2006. 城市亲水景观与休闲空间的塑造——来自高雄的个案. 衡阳师范学院学报, 27(6)：115-121.

卓文雅，吴哲丰，马德堂. 2011. 亲水景观堤岸设计. 水运工程, S1：157-160.

邹伟良. 2009. 城市滨河亲水空间的城市设计途径研究. 今日科苑, 18：40.

Adger W N, Hughes T P, Folke C, et al. 2005. Social-ecological resilience to coastal disasters. Science, 309(5737): 1036-1039.

Allen J, Barnett S. 2015. Event History Analysis of A Waterfront Redevelopment Project on Existing Retailers. New York: Springer International Publishing:401-406.

Campo D. 2002. Brooklyn's vernacular waterfront. Journal of Urban Design, 7(2):171-199.

Choudhury D,Ahmad S M. 2007. Stability of waterfront retaining wall subjected to pseudodynamic earthquake forces. Ocean Engineering, 34(14):1947-1954.

Chul W,Ho W Y. 2014. Derivation study of urban-rehabilitation strategies and planning factor for waterfront areas in consideration of revitalization. Architecture and Civil Engineering, 55:47-55.

Doxiadis C A. 1963. Ekistics and regional science. Papers of the Regional Science Association, 10(1):9-46.

Gordon D L A. 1999. Implementing urban waterfront redevelopment in an historic context: a case study of the The Boston Naval Shipyard. Ocean & Coastal Management, 42(10-11):909-931.

Hoyle B. 1999. Scale and sustainability: the role of community groups in Canadian port-city waterfront change. Journal of Transport Geography, 7(1):65-78.

Hoyle B. 2001. Lamu: waterfront revitalization in an East African Port-City. Cities, 18(5):297-313.

Hoyle B,Wright P. 1999. Towards the evaluation of naval waterfront revitalisation: comparative experiences in Chatham, Plymouth and Portsmouth, UK. Ocean & Coastal Management, 42(10):957-984.

Kilian D,Dodson B. 1996. Between the devil and the deep blue sea: functional conflicts in Cape Town's Victoria and Alfred waterfront. Geoforum, 27(4):495-507.

Krausse G H. 1995. Tourism and waterfront renewal: assessing residential perception in Newport, Rhode Island, USA. Ocean & Coastal Management, 26(3):179-203.

Lotze H K, Lenihan H S, Bourque B J, et al. 2006. Depletion, degradation, and recovery potential of estuaries and coastal seas. Science, 312(5781):1806-1809.

Mcgranahan G, Balk D,Anderson B. 2007. The rising tide: assessing the risks of climate change and human settlements in low elevation coastal zones. Environment & Urbanization, 19(1):17-37.

Michelsen T C. 1998. Integration of sediment cleanup, waterfront redevelopment, and habitat improvements through comprehensive port planning. Water Science & Technology, 37(6-7):443-450.

Michelsen T C, Boatman C D, Norton D, et al. 1998. Transport of contaminants along the Seattle waterfront: effects of vessel traffic and waterfront construction activities. Water Science & Technology, 37(6-7):9-15.

Pinder D, Smith H. 1999. Heritage and change on the naval waterfront: opportunity and challenge. Ocean & Coastal Management, 42(10-11):861-889.

Sairinen R, Kumpulainen S. 2006. Assessing social impacts in urban waterfront regeneration. Environmental Impact Assessment Review, 26(1):120-135.

Samant S. 2004. Manifestation of the urban public realm at the water edges in India—a case study of the ghats in Ujjain. Cities, 21(3):233-253.

Schwarze J. 1996. How income inequality changed in Germany following renunification: an empirical anylysis using decomposable inequality measures. Review of Income & Wealth, 42(1):1-11.

Small C, Nicholls R J. 2002. Improved estimates of coastal population and exposure to hazards released. Eos Transactions American Geophysical Union, 83(28):222-232.

Soshichi K. 1968. Henri Theil, economics and information theory. Economic Review, 19:185-188.

Vallega A. 2001. Urban waterfront facing integrated coastal management. Ocean & Coastal Management, 44(5-6): 379-410.

Wells L E,Noller J S. 1999. Holocene coevolution of the physical landscape and human settlement in northern coastal Peru. Geoarchaeology-An International Journal, 14(14):755-789.

彩　　图

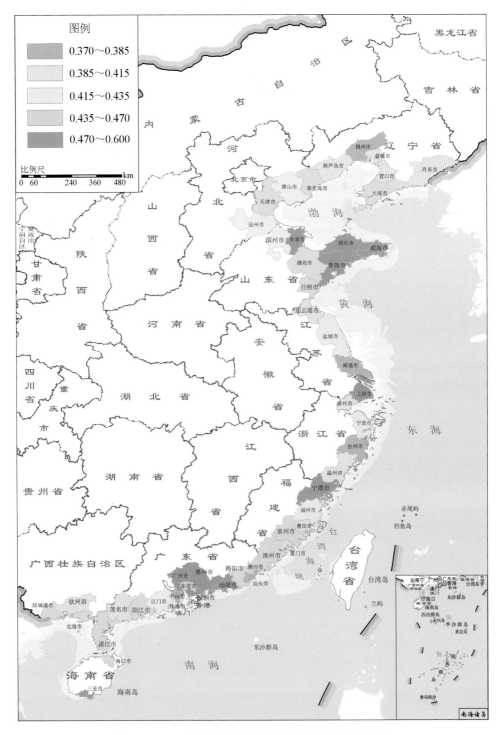

图 4-8　2012 年中国沿海城市亲海人居环境评价分布图

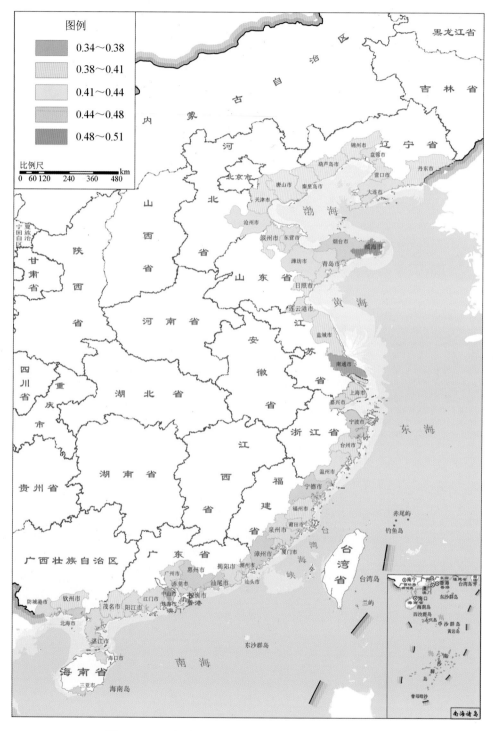

图 5-4　1990 年中国沿海城市亲海人居环境空间分布图

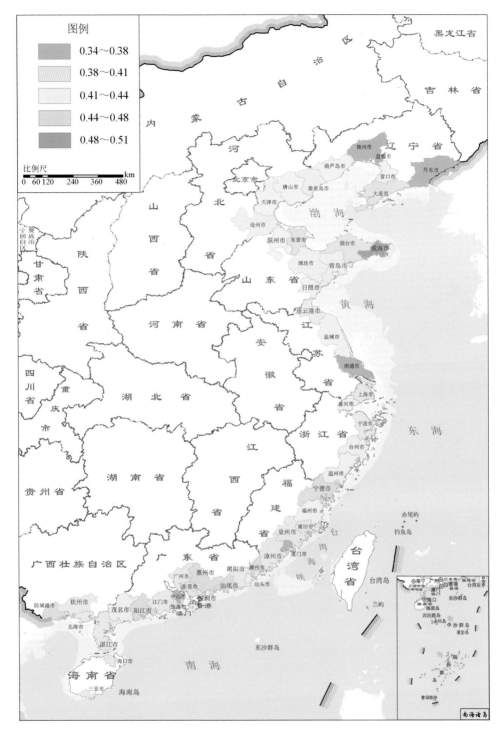

图例

	0.34～0.38
	0.38～0.41
	0.41～0.44
	0.44～0.48
	0.48～0.51

比例尺

0 60 120 240 360 480 km

图 5-5　2001 年中国沿海城市亲海人居环境空间分布图

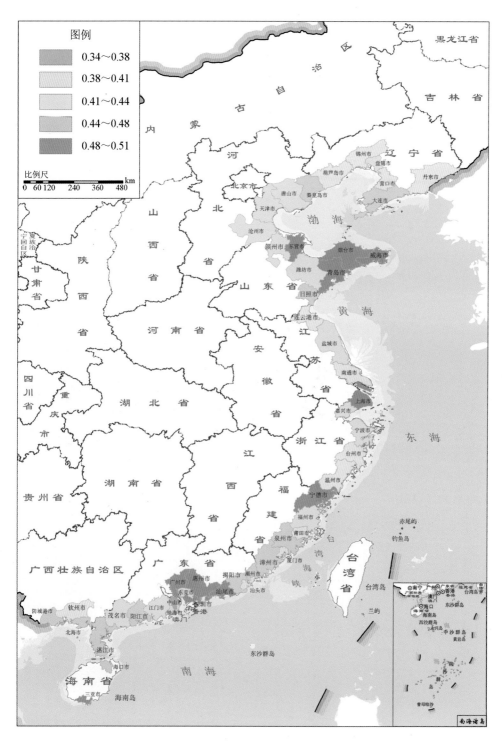

图 5-6 2012 年中国沿海城市亲海人居环境空间分布图